冷冻冷藏系统及装备操作指南

中国制冷学会　组织编写

荆华乾　　主　编

中国建筑工业出版社

图书在版编目（CIP）数据

冷冻冷藏系统及装备操作指南/中国制冷学会组织
编写；荆华乾主编.—北京：中国建筑工业出版社，
2021.8
ISBN 978-7-112-26368-4

Ⅰ.①冷…　Ⅱ.①中…②荆…　Ⅲ.①制冷系统-设
备管理-指南　Ⅳ.①TB657-62

中国版本图书馆 CIP 数据核字（2021）第 146749 号

责任编辑：张文胜
责任校对：姜小莲

冷冻冷藏系统及装备操作指南

中国制冷学会　组织编写
荆华乾　　主　　编

*

中国建筑工业出版社出版、发行（北京海淀三里河路9号）
各地新华书店、建筑书店经销
唐山龙达图文制作有限公司制版
廊坊市海涛印刷有限公司印刷

*

开本：787毫米×1092毫米　1/16　印张：11　字数：275千字
2021年8月第一版　　2021年8月第一次印刷
定价：50.00元
ISBN 978-7-112-26368-4
（37794）

编 委 会

序

由中国制冷学会组织编写的《冷冻冷藏系统及装备操作指南》，经过各方的努力与协作，现在出版发行了。本书既是中国冷链物流行业发展成果的体现，也是各位参编专家丰富的实践经验的结晶。本书的出版必将对培养我国 21 世纪冷冻冷藏装备的高素质专业人才发挥重要的作用。

伴随着我国冷链物流产业的快速发展，我国在冷库总容量和冷冻冷藏装备市场等方面增长迅速，从业人员规模也不断扩大。冷冻冷藏系统及装备行业急需高素质人才。特别需要指出的是，关于冷冻冷藏系统及装备现行实践操作可供选择的培训教材较少，并且未能反映当前技术发展的最新成果，不能满足巩固和提升当前行业技术人员能力现状的需求。此外，随着节能与环保成为 21 世纪以来制冷行业发展的重要主题，对行业高级专门人才的需求格局和素质能力要求也发生了较大变化。所有这些，都要求相关教材建设必须与时俱进，开拓创新，要求尽快出版内容新、体系新、方法新、手段新的高质量培训教材。

根据 2010 年我国发布的《消耗臭氧层物质管理条例》，2019 年国家发展改革委、工业和信息化部、财政部等 7 部委联合发布的《绿色高效制冷行动方案》，以及《蒙特利尔议定书》、《基加利修正案》，制冷剂氢氟氯烃（HCFCs）及氢氟烃（HFCs）会造成臭氧层的破坏及温室效应，冻结和淘汰 HCFCs 和 HFCs 的使用，逐渐淘汰对环境不友好的 ODS 类和高 GWP 值的制冷剂，实现制冷剂的更新换代过程已成为发展重点。因此需要逐步建立起适应我国在 2030 年全面淘汰 HCFCs 目标的配套教材。对于新编教材，要求体现冷链物流行业发展对人才所具备的冷冻冷藏装备良好操作行为的高要求，反映相关技术发展最新成果，在教材内容和编写体系上不仅要有本行业（领域）的特色，而且注意体现素质教育和创新能力与实践能力的培养，为专业人员知识、能力、素质协调发展创造条件。该教材经相关专家评审，推荐作为冷链物流行业冷冻冷藏系统及装备操作的参考教材。

相信本书的出版，将在提高我国冷冻冷藏维修从业人员的技能水平和维修质量、规范操作过程、促进从业人员的臭氧层保护及减排意识、提高 ODS（消耗臭氧层）物质回收再利用率等方面，发挥重要作用。

上海交通大学

前　言

"人与自然和谐共生"的科学自然观是新时代坚持和发展中国特色社会主义的基本方略。习近平总书记就人与自然关系发表许多重要论述，强调生态文明建设是关系中华民族永续发展的根本大计。人与自然是生命共同体，人类必须尊重自然、顺应自然、保护自然。人类只有遵循自然规律才能有效防止在开发利用自然上走弯路，人类对大自然的伤害最终会伤及人类自身，这是无法抗拒的规律。

冷冻冷藏技术是为农产品、海产品和药品等的加工和贮藏提供必需的低温环境的技术。中国目前的冷冻冷藏设备保有量巨大，维护和运营需求旺盛。根据相关调研数据，我国大型冷库总量达到 5500 万 t，还有大量高温库和气调库，冷冻冷藏设备运营维护从业人员数量巨大；同时，现代冷库功能已经由"仓库型"逐步向"流通配送型"发展，急需提升从业人员的相关执业技能，并培养相关的良好操作行为。良好操作行为的规范将有助于提升制冷剂的充注、排放与回收技术能力，减少对环境的负面影响，使冷冻冷藏技术更好地与自然和谐共生。

中国正在积极履行《关于消耗臭氧层物质的蒙特利尔议定书》等国际公约，随着制冷行业含氢氯氟烃（HCFCs）制冷剂的逐步淘汰和氢氟碳化物（HFCs）制冷剂的削减趋势，冷冻冷藏行业使用的制冷剂、载冷剂也出现多元化、节能化和环保的趋势。同时，随着中国冷链物流业的快速崛起和蓬勃发展，冷链物流设施的保有量也急剧升高。常规制冷系统的冷链物流设施不能完全满足现行安监政策。

在新时代新挑战下，一些新型制冷剂和先进制冷技术应运而生。冷冻冷藏装备技术更加丰富多样。对冷冻冷藏设备运营维护从业人员而言，既要培养传统技术装备的良好操作行为，又要掌握新兴技术的操作要点，跟上新技术的变革，更好地配合新型制冷技术的推广应用，在制冷技术与人类自然和谐共生的道路上做出自己的贡献。为此，由中国制冷学会牵头，联合各大高校和企业，共同组织编写了《冷冻冷藏系统及装备操作指南》一书，旨在为广大冷冻冷藏设备运营维护从业人员提供传统氨制冷装备的良好操作指南，同时为新兴的 CO_2 和 HFCs 制冷剂冷冻冷藏设备提供良好操作参考，促进我国冷冻冷藏行业的稳定有序发展。

本书积极响应《消耗臭氧层物质管理条例》关于提前实现淘汰氢氯氟烃行动目标等政策，减少消耗臭氧层物质（ODS）的使用，推进完成制冷维修行业减排计划目标，面向冷冻冷藏设备从业人员良好行为操作培训项目，针对冷冻冷藏设备易燃或高压制冷剂知识和技能的教育培训、管理服务和宣传推广工作，以对接制造业零消耗臭氧层潜值（ODP）及低全球变暖潜能值（GWP）的替代品和替代技术发展，为冷冻冷藏行业管理水平的不断提升提供支持，以达到 ODS 减排及 HCFCs 消费量削减的目标。

在本书的使用过程中，恳请大家提出宝贵意见和建议，以便今后修订或增补。

目　　录

第 1 章　冷冻冷藏行业制冷替代相关政策法规和前沿技术

1.1　制冷剂替代相关政策法规

节能与环保已经成为 21 世纪以来制冷行业发展的重要主题。制冷剂氢氟氯烃（HCF-Cs）及氢氟烃（HFCs）会造成臭氧层的破坏及温室效应，为此，国际上先后出台了很多法律法规冻结和淘汰 HCFCs 和 HFCs 的使用，并针对不同发展阶段的国家基于共同但有区别的责任制定了淘汰时间表。已生效的国际公约在制冷剂的更新换代过程中起到了重要的引导作用。除此之外，各国也开始了立法行动，逐渐淘汰对环境不友好的 ODS 类和高 GWP 值的制冷剂。我国在 2010 年即颁布了《消耗臭氧层物质管理条例》，对 ODS 类物质的管理和减排提出了明确要求。2019 年，国家发展改革委、工业信息化部、财政部等 7 部委又联合发布了《绿色高效制冷行动方案》，积极参与全球环境治理。

1.1.1　国际相关政策法规对臭氧层的保护

20 世纪 80 年代，臭氧层的破坏引起了世界各国的广泛关注和重视。为了保护与人类未来生存与发展息息相关的大气臭氧层，国际上颁布了很多法律法规。国际社会于 1985 年达成并签订了《维也纳公约》，1987 年在加拿大进一步签署了《关于消耗臭氧层物质的蒙特利尔议定书》，从 1990 年开始启动了全球 ODS（消耗臭氧层物质）淘汰行动，首先从高 ODP 值（消耗臭氧潜能值）的物质开始，主要包括氯氟烃（CFCs）、溴氟烷烃（Halons）、四氯化碳（CTC）、三氯乙酸（TCA）等。迄今为止，全球共有 197 个国家和地区签署了《蒙特利尔议定书》，加入了相关的 ODS 淘汰行动。在国际社会的共同努力下，到 2010 年 1 月 1 日，在全球范围内已实现了对氯氟烃（CFCs）的淘汰转换工作提前完成。

在国际社会共同合作推进 CFCs 物质淘汰的基础上，于 2007 年 9 月召开的《蒙特利尔议定书》第 19 届缔约方大会上，国际社会达成了"加速淘汰 HCFCs"的调整案。该调整案规定：对于中国等发展中国家，其 HCFCs 消费量与生产量选择 2009 年与 2010 年的平均水平作为基准线，在 2013 年将消费量与生产量冻结在此基准线上，到 2015 年削减 10%，到 2020 年削减 35%，到 2025 年削减 67.5%，到 2030 年完成全部淘汰，但在 2030~2040 年允许保留年均 2.5% 供维修使用；对于通常所说的发达国家，其 HCFCs 的消费量和生产量，2010 年削减 75%，到 2015 年削减 90%，到 2020 年完成全部淘汰，但在 2020~2030 年允许保留 0.5% 供维修使用，其过程如图 1.1-1 所示。

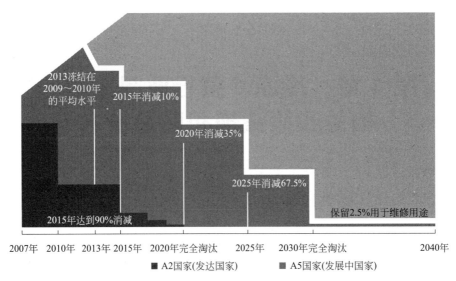

图 1.1-1　《蒙特利尔协定书》中对 HCFCs 生产量及消费量削减要求

1.1.2　国际相关政策法规对温室气体的控制

在臭氧层保护取得有效进展的同时，全球的环境保护形势也在发生变化。近年来温室气体排放、全球变暖已取代臭氧层破坏成为全球环境保护的首要任务与课题。

1992 年 6 月 4 日，世界各国政府首脑联合签署的《联合国气候变化框架公约》，成为世界上第一个全面控制二氧化碳等温室气体排放的国际公约。在该框架下于 1997 年进一步签署了《联合国气候变化框架公约的京都议定书》（以下简称《京都议定书》）。议定书中比较具体的规定有：2008 年到 2012 年期间，主要工业发达国家的温室气体排放量要在 1990 年的基础上平均减少 5.2%，其中欧盟将 6 种温室气体的排放削减 8%，美国削减 7%，日本削减 6%。其目标是将大气中的温室气体含量稳定在一个适当的水平，进而防止剧烈的气候改变对人类造成伤害。制冷剂 HFCs 类属于《京都议定书》所列明的应实施减排的六大类温室气体之一，20 世纪 80 年代开始在全球范围开始广泛得到应用，是目前我国 HCFCs 的主要替代产品。

2007 年在印度尼西亚巴厘岛举行的第 13 次缔约方大会形成了《巴厘岛路线图》，明确了气候大会的谈判机制和后续工作计划。2012 年在卡塔尔多哈举行了第 18 次缔约方会议，会议通过了对《京都议定书》的《多哈修正案》，最终就 2013 年起执行《京都议定书》第二承诺期及第二承诺期以 8 年为期限达成一致。作为《京都协定书》的签约方，为了更好履行相关减排义务，欧盟委员会于 2014 年出台了关于温室氟化气体的 F-gas 法规，该法规于 2015 年 1 月 1 日起正式实施，其目的为在 2030 年时欧盟境内投入市场的 HFCs 数量降低到基准线（以 2009～2012 年投入市场的 HFCs 平均数量为基准）的 21%。

2015 年 12 月，在《联合国气候变化框架公约》框架下召开的巴黎气候变化大会上，近 200 个缔约方一致同意通过了全球气候变化的新协议《巴黎协定》，以此为 2020 年后全球应对气候变化行动做出安排。《巴黎协定》的主要内容是要求国际社会加强对气候变化威胁的全球应对，目标是在 21 世纪内把全球平均气温升高幅度相较于工业化前水平控制在 2℃之内，并为把温升控制在 1.5℃之内。同时全球将尽快实现温室气体排放达峰，在 21 世纪下半叶实现温室气体净零排放。2016 年 10 月 5 日，联合国秘书长潘基文宣布，已有 75 个国家正式批准了《巴黎协定》，这些国家的温室气体排放量占全球总量的 58.8%，《巴黎协定》于 2016 年 11 月 4 日正式生效。

原本《蒙特利尔议定书》只以保护臭氧层为目的，先后禁止了 CFC 类和 HCFC 类物质的使用，这使得作为替代制冷剂的 HFC 类物质得到了大量使用。但 HFC 类物质属于强效温室气体，例如 R125 的温室效应值 GWP 为 3500，R134a 的温室效应值 GWP 为 1430，分别是 CO_2 的 3500 倍和 1430 倍。降低全球温室效应的最有效手段就是首先降低强效温室气体 HFC 类物质的使用和排放量。为此，2016 年 11 月于卢旺达首都基加利召开的《蒙特利尔议定书》第 27 次缔约方会议通过了历史性的《基加利修正案》，将 HFCs 纳入蒙特利尔议定书进行管控，是继《巴黎协定》后又一里程碑式的重要文件，其中一些常用的 HFC 类混合型制冷剂，比如 R404A 和 R410A，也在基加利修正案的管控范围内，表 1.1-1 表示了 18 种 HFC 类受控物质。

18 种 HFC 类受控物质　　　　　　表 1.1-1

类别	名称	GWP
Group Ⅰ		
CHF_2CHF_2	HFC-134	1100
CH_2FCF_3	HFC-134a	1430
CH_2FCHF_2	HFC-143	353
$CHF_2CH_2CF_3$	HFC-245fa	1030
$CF_3CH_2CF_2CH_3$	HFC-365mfc	794
CF_3CHFCF_3	HFC-227ea	3220
$CH_2FCF_2CF_3$	HFC-236cb	1340
CHF_2CHFCF_3	HFC-236ea	1370
$CF_3CH_2CF_3$	HFC-236fa	9810
$CH_2FCF_2CHF_2$	HFC-245ca	693
$CF_3CHFCHFCF_2CF_3$	HFC-43-10mee	1640
CH_2F_2	HFC-32	675
CHF_2CF_3	HFC-125	3500
CH_3CF_3	HFC-143a	4470
CH_3F	HFC-41	92
CH_2FCH_2F	HFC-152	53
CH_3CHF_2	HFC-152a	124
Group Ⅱ		
CHF_3	HFC-23	14800

　　《基加利修正案》是迄今为止为推动实现《巴黎协定》所商定的"到 21 世纪末将全球气温上升幅度控制在 2℃以内"目标所做出的最大努力。这一修正案的实施将会有效减少强温室效应气体 HFCs 的排放，从而在 21 世纪末通过控制 HFCs 的消费实现减少全球升温 0.5℃。该修正案已于 2019 年 1 月 1 日起正式生效。按照计划，《基加利修正案》将分 3 个阶段落实，即大部分发达国家从 2019 年开始削减 HFCs，发展中国家将于 2024 年冻结 HFCs 的消费水平，一小部分国家将于 2028 年冻结 HFCs 消费。针对不同的国家共有 3 条削减 HFCs 的规定（见图 1.1-2）：

　　（1）欧盟、美国等大部分富裕经济体的国家，以 2011～2013 年为基线年，基线年平均的 HFC 类物质 100％消费量与对应的 GWP 值的乘积与 15％的 HCFC 类物质消费量与对应的 GWP 值乘积产生的基线年值的和为基准值，2019 年应削减基准值的 10％，2024 年削减基准值的 40％，最终 2036 年削减基准值的 85％。

　　（2）对于白俄罗斯、俄罗斯、哈萨克斯坦等少部分发达国家，以 2011～2013 年为基线年，基线年平均的 HFC 类物质 100％消费量与对应的 GWP 值的乘积与 15％的 HCFC 类物质消费量与对应的 GWP 值乘积产生的基线年值的和为基准值，2020 年应削减基准值的 5％，2025 年削减基准值的 35％，最终 2036 年削减基准值的 85％。

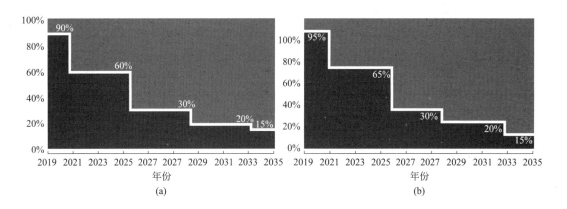

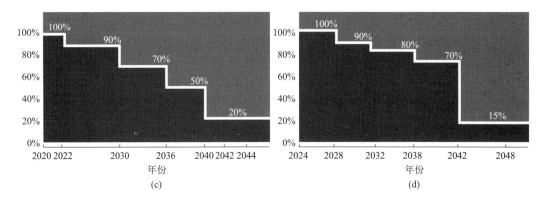

图 1.1-2　基加利协议对不同国家削减 HFCs 要求

（a）适用于大部分发达国家；（b）适用于白俄罗斯等少部分发达国家；

（c）适用于大部分发展中国家；（d）适用于印度等少部分发展中国家

（3）中国、拉丁美洲等一些发展中国家以 2020～2022 年为基线年，基线值为以 CO_2 当量为单位的 100% 的 HFC 基线年三年平均值加 65% 的 HCFC 基线年值，将从 2024 年开始冻结 HFCs 的使用，于 2029 年削减基准值的 10%，最终 2045 年实现削减基准值的 80%。

（4）其他国家，如印度、巴基斯坦、伊拉克等发展中国家以 2024～2026 年为基线年，基线值为以 CO_2 当量为单位的 100% 的 HFC 基线年三年平均值加 65% 的 HCFC 基线年值，2028 年开始冻结 HFCs 的使用，2032 年削减基准值的 10%，最终 2047 年实现削减基准值的 85%。

1.1.3　中国相关政策法规

中国政府高度重视臭氧层保护工作。1989 年 9 月，中国政府签署了《保护臭氧层的维也纳公约》，并于 1991 年 6 月正式加入《关于消耗臭氧层物质的蒙特利尔议定书》。在议定书的框架下，根据《中国逐步淘汰消耗臭氧层物质国家方案》，全面组织开展了 ODS 的淘汰和替代转换工作，涉及化工生产、工商制冷空调、家用制冷、汽车空调、制冷维修、消防等多个行业。2007 年 7 月 1 日，中国实现 CFCs、哈龙（Halons）和 CTC 生产和消费的完全淘汰，提前两年半实现议定书规定的目标。2010 年国务院颁布实施的《消耗臭氧层物质管理条例》实现了国际公约到国内法规的转换，为国内履约奠定了法规基础。中国作为发展中国家，在淘汰 ODS 行动上的努力取得巨大成效，为全球保护臭氧层事业作出了突出贡献。

2011 年中国正式启动 HCFCs 制冷工质的淘汰进程，通过关闭和拆除 HCFCs 生产线、发放 HCFCs 生产配额和消费配额等方式，控制国家生产和消费总量。在开展 HCF-Cs 生产线转换改造的同时，在各行业的支持和参与下，政府主管部门先后颁布了多项与加速淘汰 HCFCs 有关的政策法规，如表 1.1-2 所示。这些政策法规涉及生产、销售、使用和进出口等环节，对中国的履约行动起到了重要保障和促进作用。

中国有关 HCFCs 淘汰的政策法规

表 1.1-2

序号	名　称	颁布时间	颁布机构
1	《关于严格控制新建、改建、扩建含氢氯氟烃生产项目的通知》	2008 年 12 月	环境保护部
2	《关于严格控制新建使用含氢氯氟烃生产设施的通知》	2009 年 10 月	环境保护部
3	《臭氧层物质管理条例》	2010 年 4 月	国务院
4	《关于加强含氢氯氟烃生产、销售和使用管理的通知》	2013 年 8 月	环境保护部
5	《消耗臭氧层物质进出口管理办法》	2014 年 1 月	环境保护部、商务部、海关总署
6	《含氢氯氟烃重点替代品推荐目录》(第一版)(征求意见稿)	2016 年 8 月	环境保护部
7	《关于 2019 年度含氢氯氟烃生产和使用配额、四氯化碳试剂及助剂使用配额、含氢氯氟烃进口配额核发方案的公示》	2018 年 12 月	生态环境部
8	《绿色高效制冷行动方案》	2019 年 6 月	生态环境部、国管局等

为了应对气候变化，中国将力争 2030 年前实现碳达峰、2060 年前实现碳中和的目标愿景。碳达峰和碳中和目标愿景，反映了《巴黎协定》"最大力度"的要求，体现了我国应对气候变化的坚定决心，展现出作为最大发展中国家的担当和对子孙后代的负责态度。

中国正在进行一场广泛而深刻的经济社会系统性变革：将碳达峰、碳中和纳入生态文明建设整体布局；制定碳达峰行动计划；广泛深入开展碳达峰行动；支持有条件的地方和重点行业、重点企业率先达峰；将严控煤电项目，"十四五"时期严控煤炭消费增长、"十五五"时期逐步减少；决定接受《〈蒙特利尔议定书〉基加利修正案》，加强非二氧化碳温室气体管控；将启动全国碳市场上线交易。

随着各国针对 HCFCs 和 HFCs 类制冷剂限制使用的法规的颁布，多种具备环保、安全、系统适用性和能效等诸多因素的替代制冷剂开始使用，天然制冷剂（如二氧化碳（R744）、氨（R717）、水（R718）、碳氢化合物）就是现在使用较为广泛的制冷剂之一。

大多数天然制冷剂实际上是大型化学加工设施产生的工业气体。这些设施使用能源来产生或分离、净化二氧化碳、碳氢化合物和氨。它们还使用原料并产生类似于其他化学制造工艺的工业废物。碳氢化合物是在炼油厂或天然气加工厂生产的。生产高纯度制冷剂如丙烷和异丁烷有几个工艺步骤，图 1.1-3 显示了生产步骤的细节。氨主要是由氮和氢反应生成的，其生产主要步骤如图 1.1-4 所示。二氧化碳主要由燃烧化石燃料、燃烧产物（如烟气）中分离及酒精（发酵）行业产生获得，主要生成过程如图 1.1-5 所示。

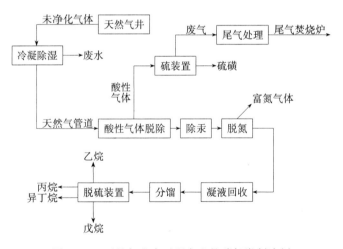

图 1.1-3　天然气生产过程产生的碳氢类制冷剂

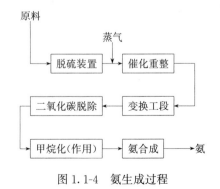

图 1.1-4　氨生成过程

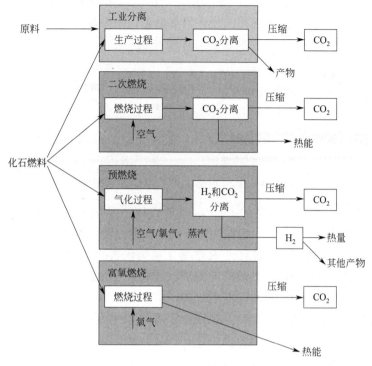

图 1.1-5　二氧化碳生成过程

1.2　制冷剂替代进展与前沿技术

我国是发展中国家，又是世界上消耗臭氧层物质的生产和消费大国，涉及的相关企业多、分布广、技术水平差异大。此前《蒙特利尔议定书》和《京都议定书》两份文件明确指出了氯氟烃类（CFCs）和含氯氟烃类（HCFCs）制冷剂进行替代和淘汰的时间进度要求，要实现《蒙特利尔议定书》《京都协定书》《巴黎公约》等一系列国际公约确定的目标，关键是坚持科技进步和创新。HCFCs 制冷剂的替代进程已经确定，多种不同的替代物都已经提出，但是目前还没有完美的制冷剂，不管是新合成的 HFCs 制冷剂，还是碳氢化合物等自然工质，在替代和应用过程中都遇到了不同的技术难题，在此过程的探索之中，应当重视法规和标准在制冷剂替代过程中的决定性作用，积极跟踪国际法规的最新动态，才能在制冷剂替代问题上掌握主动权。

随着哥本哈根气候峰会的召开，温室气体的减排进程必将加快，不仅仅是加速淘汰HCFCs，而且 HFCs 制冷剂也只是暂时的过渡性替代物，在未来被淘汰也是不可避免的。例如 R134a 这种高 GWP 的 HFCs 制冷剂已经被纳入淘汰行列，人类最终的制冷剂应当是零 ODP，零（低）GWP 的人工合成制冷剂和自然工质。

1.2.1　制冷剂的历史发展进程

自 20 世纪 30 年代以来，制冷剂的发展经历了三个阶段。图 1.2-1 显示了自 20 世纪90 年代以来制冷剂的历史。目前，为应对全球变暖，寻求零（或极低）ODP（臭氧消耗潜势）和低 GWP（全球变暖潜势）的新型制冷剂已进入第四阶段。一些国家或组织颁布了一系列限制强温室气体排放的法律法规，以促进替代制冷剂的发展。

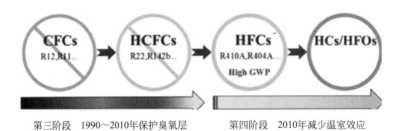

第三阶段　1990～2010年保护臭氧层　　　第四阶段　2010年减少温室效应

图 1.2-1　自 20 世纪 30 年代以来制冷剂历史

早期的 CFCs 工质由于较高的 ODP，严重破坏了臭氧层，如 R11、R12。随后的 HCFCs 工质具有较低的 ODP，一段时间内作为主要的过渡替代产品并广泛应用于各个领域，如 R22、R124。紧接着以 R134a、R32 等工质为代表的 HFCs 制冷剂，由于零 ODP 作为替代工质而被广泛应用，但其较高的 GWP 带来了严重的温室效应影响，相关法规也将其列为过渡替代工质。为了应对不断恶化的环境，各国不断寻求节能、环保、高效、可靠性强的替代工质，解决系统安全性、稳定性等诸多方面问题，不断优化现有的制冷系统有关部件。

1.2.2　制冷剂的替代进展与技术路线

1. 替代进展

目前，制冷剂的替代思路是找到一种制冷特性接近，但是满足环保要求的新型制冷剂。其中美国和日本主张用 HFCs 替代 HCFCs，已经提出如 R410A、R134a 等新型人工合成制冷剂，这些制冷剂 ODP 值虽然为 0，但 GWP 值仍然较高，属于需要减排的温室气体。所以欧洲主张走自然工质替代路线，如应用越来越广泛的 R290 和 CO_2。碳氢化合物是自然界本身就存在的物质，与自然界有很好的亲和性，不会破坏生态圈的平衡，零 ODP、极低的 GWP 值也不会对环境产生危害。从长远来看，非自然工质排放到生态圈中必然会破坏平衡，带来一系列链式反应，对环境产生影响，包括当前已经看得到的危害和潜在的会在将来显现出的破坏力。但当前 HFCs 和碳氢化合物等自然工质，在替代过程中也正在遇到各自的技术瓶颈。

2. 制冷剂的替代技术

在制冷剂的替代过程中，由于工质物性的差别和对润滑油的要求不同，替代制冷剂大多数都无法直接使用或者会遇到一些在实际工况下的应用瓶颈，这使得与压缩机的设计、系统的优化、润滑油的相容性一起考虑的、不同的替代制冷剂都有相应的替代技术路线。

目前的碳氢化合物 R290、R600、R600a 及其混合物在冷冻箱和冷藏箱上有着广泛的应用。Eric Granryd 和 Pelletior O 研究了碳氢化合物的传热特性，通过对丙烷（R290）在家用热泵空调器中的传热特性研究分析，认为制冷剂侧的压力降低于 R22 的 40%～50%。因此，可通过优化设计换热器结构，获得最佳的压力降与传热系数。

Sariibrahimoglu K 等人对异丁烷（R600a）封闭式制冷压缩机中轴承的（烧结铁/

100Cr6 摩擦副）摩擦性能进行了研究，润滑油采用矿物油的结果表明：由于 R600a 对润滑油的黏度和泡沫特性存在影响，阻碍了摩擦副烧结铁表面氧化层的形成，因此，轴承摩擦将增大。

Kilicarslan 和 Muller 对水（R718）与其他一些常用制冷剂（R134a、R290、R22 等）在系统 COP、运行成本、制冷量以及对环境的影响等方面进行了比较，主要结果包括：在系统其他参数相同、蒸发温度达 20℃以上、冷凝温度和蒸发温度之差为 5K 时，水作为制冷剂的压缩系统的 COP 最高。

Wight 等人研究了离心式水蒸气压缩机，研究结果表明：对于单级离心压缩机，当有 30°后倾角和叶片扩压器、转速为 5491r/min 时，设计点效率最高；对于两级压缩机，则针对压比相同、比速度相同、功率相同等三种不同的压比分配方式进行了研究。Brandon 等人对容量为 3250kW 的水蒸气压缩冷水机组进行了可行性研究，结果显示，水蒸气压缩系统的 COP 与 R134a 相当，但等熵压缩终了温度远远高于 R134a。水蒸气压缩系统对于压缩机入口处的过热度比较敏感，因此常采用适合大容积流量的离心压缩机或轴流压缩机。同时，由于离心压缩机单级压比很小，因此采用多级压缩中间冷却的结构。闪蒸中间冷却方式，可以大幅度降低压缩机级间蒸汽温度，相比于没有中间冷却的结构，COP 有很大提高。

NH_3 的燃烧性、爆炸性和毒性是影响它在民用空调领域应用的最主要原因。由于 NH_3 与普通润滑油不相溶，目前已研制出能溶于 NH_3 的合成润滑油，同时也研制出耐 NH_3 和新型合成润滑油的铝导线和绝缘材料，小型半封闭或全封闭的压缩机也在研发之中。

目前氨制冷剂在 NH_3/CO_2 复叠式制冷系统、NH_3-CO_2 载冷系统、氨冷水机组中已有应用，近年来在欧洲的技术开发与推广发展比较快。NH_3/CO_2 复叠式制冷系统节能效果显著，满负荷工况下与氨单级制冷系统相比，单位冷吨的耗功减少 25%，与氨双级制冷系统相比则减少 7%。NH_3-CO_2 载冷系统有效减少了氨的充注量，降低了危险性。氨制冷系统安全性方面的研究进展也促进了氨冷水机组的应用。氨制冷系统的技术发展将集中在寻找与氨互溶的润滑油、开发半封闭式结构压缩机、换热器小型化以及安全性和可靠性等方面。

CO_2 因其优越的热物理性能和环保性，深受人们的青睐。压缩机是制冷系统的关键部件，与使用普通制冷剂的压缩机相比，CO_2 跨临界循环压缩机具有工作压力高、压差大、压比小、体积小、重量轻、运动部件间隙难以控制、润滑较困难等特点，所以 CO_2 因具有较高的临界压力和较低的临界温度，在制冷、热泵循环时通常在跨临界区运行。随着普通制冷技术发展到较高水平，压缩机等关键技术可以借鉴到 CO_2 系统中，对 CO_2 系统效率的提高有很大的帮助。

3. 冲灌量对制冷剂替代的影响

在传统设计的大型制冷设备中，制冷剂充灌量都比较大，有很大的削减空间。大型设备中使用较多的是管壳式换热器，在蒸发器中根据换热管内外工质的不同分配方式，又可分为干式、满液式和降膜式等。在各项数据的比较下，干式蒸发器有比满液式蒸发器更高的换热效率，但在实际的产品制造中，往往是在相同材料或成本条件下，满液式蒸发器的传热效果要好于干式蒸发器，主要原因是干式蒸发器属于对流管内沸腾换热，满液式蒸发器属于池沸腾，近年来制冷剂蒸发管的强化措施主要是在管的外侧，用机械加工的方式进行管内的强化比较困难；另外干式蒸发器为保证不产生液击而有较大的吸气过热，过热段的局部表面换热系数明显降低；还有就是干式蒸发器的液体分配不均匀，影响了传热管束整体的效率。但是干式蒸发器在未来面临必须降低 R22 消耗量的压力面前，其具有充灌量小的优点，随着机械加工技术的进步，管内换热强化措施也增多了。已经有很多干式蒸发器均匀分液的改进措施，如在进液端盖内加分液板和特殊型线的导液（气）板，并通过电子膨胀阀主动控制减少吸气的过热度，能使干式蒸发器的换热效果得到显著提高。

不同工况下循环工质的液体和蒸汽相对密度不同，需要的工质充灌量也不同。对于大型制冷设备，采用降膜式蒸发器代替满液式蒸发器，其充灌量要少约 30%。目前在我国中大型水源热泵中，大部分都在使用满液式蒸发器。如果未来替换为降膜蒸发器，能够在不减少制冷量的前提下削减很大的 R22 使用量。

第2章 制冷剂的管理

2.1 制冷剂

2.1.1 制冷剂编号和安全性分类

1. 制冷剂的种类

根据制冷剂的分子结构，可将制冷剂分为无机化合物和有机化合物两大类；根据制冷剂的组成可分为单一制冷剂和混合制冷剂；根据制冷剂的物理性质，可将制冷剂分为高温（低压）、中温（中压）、低温（高压）制冷剂。

2. 制冷剂编号

我国国家标准《〈制冷剂编号方法和安全性分类〉国家标准第 1 号修改单》GB/T 7778—2017/XG1—2019 规定了各种通用制冷剂的简单编号方法，以代替其化学名称、分子式或商品名称。标准中规定用字母 R 和它后面的一组数字及字母作为制冷剂的简写编号。字母作为制冷剂的代号，后面的数字或字母则根据制冷剂的种类及分子组成按一定的规则编写。

（1）无机化合物

对于相对分子质量小于 100 的无机化合物，化合物的相对分子质量加上 700 就得出制冷剂的识别编号。

对于相对分子质量大于或等于 100 的无机化合物，化合物的相对分子质量加上 7000 就得出制冷剂的识别编号。

当两个或两个以上的无机制冷剂具有相同的相对分子量时，应按名称的顺序编号添加大写字母（例如，A、B、C 等），以便区分它们。

属于无机化合物的制冷剂有水、氨、二氧化碳、二氧化硫等。

例：氨的相对分子质量为 17，其编号为 R717。二氧化碳和水的编号分别为 R744 和 R718。

（2）氟利昂及烷烃类

烷烃类化合物的分子通式为：$C_m H_{2m+2}$；氟利昂的分子通式为：$C_m H_n F_x Cl_y Br_z$（$n+x+y+z=2m+2$），其简写规定为 $R(m-1)(n+1)(x)B(z)$，每个括号都是一个数字，数字为零则省略，同分异构体在最后加上小写的英文字母以示区别。制冷剂的代号 R 后面的第一位数字表示卤代烃分子式中碳原子数目减去 1（即 $m-1$），若碳原子数目为 1，则 $m-1=0$，可以不写。R 后面的第二位数字表示卤代烃分子式中氢原子数目 n 加上 1（即 $n+1$）。R 后面的第三位数字表示卤代烃分子式中氟原子数目 p。

例如二氟二氯甲烷分子式为 CF_2Cl_2，编号为 R12。四氟乙烷的分子式为 $C_2H_2F_4$，编号为 R134。

若卤代烃分子式中有溴（Br）原子，则最后增加字母 B，之后附以溴原子数目 r。例如三氟-溴甲烷的分子式为 CF_3Br，编号为 R13B1。

环状衍生物的编号规则与卤代烃相同，只在字母 R 后加一个字母 C。

例如八氟环丁烷分子式为 C_4F_8，编号为 RC318。

乙烷系制冷剂的同分异构体具有相同的编号，但最对称的一种制冷剂的编号后面不带任何字母，而随着同分异构体变得越来越不对称时，就附加小写 a、b、c 等字母。

例如二氟乙烷分子式为 CH_2FCH_2F，编号为 R152；它的同分异构体分子式为 CHF_2CH_3，编号为 R152a。

（3）碳氢化合物

这类制冷剂主要有饱和碳氢化合物和非饱和碳氢化合物。

1）饱和碳氢化合物制冷剂中甲烷、乙烷、丙烷的编号方法与卤代烃相同。

例如乙烷的分子式为 C_2H_6，编号为 R170。丁烷编号特殊，正丁烷的编号为 R600，异丁烷的编号为 R600a。

2）非饱和碳氢化合物制冷剂主要有乙烯、丙烯等烯烃。它们的编号规则中，字母 R 后面的第一位数字定为 1，接着的数字编制与卤代烃相同。

例如乙烯、丙烯的分子式分别为 C_2H_4、C_3H_6，编号分别为 R1150、R1270。非饱和卤代碳氢化合物的编号方法与此相同。

（4）混合制冷剂

这类制冷剂包括共沸制冷剂和非共沸制冷剂。非共沸混合制冷剂应在 400 系列中被连续地分配一个识别编号。为了区分具有相同制冷剂但不同组成（质量分数不同）的非共沸混合制冷剂，编号后应添加一个大写字母（A、B 或 C）。

非共沸制冷剂，依应用先后，在 R400 序号中顺次地规定其编号。混合制冷剂的组分相同，比例不同，编号数字后接大写 A、B、C 等字母加以区别。

例如非共沸制冷剂 R404A 和 R407C 的组成分别如下：R404A——R125/R143a/R134a（44.0/52.0/4.0），R407C——R32/R125/R134a（23.0/25.0/52.0）。

共沸混合制冷剂应在 500 系列中被连续地分配一个识别编号。为了区分具有相同制冷剂但不同组成（质量分数不同）的共沸混合制冷剂，编号后应添加一个大写字母（A、B 或 C）。

共沸制冷剂，依应用先后在 R500 序号中顺次地规定其编号。例如已命名共沸制冷剂 R500 和 R502 的组成（质量分数）如下：R500——R12/R152（73.8/26.2），R502——R22/R115（48.8/51.2）。

（5）其他各种有机化合物

有机化合物应在 600 系中按 10 个一族被分配编号（见表 2.1-1），在族内按名称顺序编号。对于带有 4～8 个碳原子的饱和烃类，被分配的编号应是 600 加碳原子数减 4。

如，丁烷是 R600，戊烷是 R601，己烷是 R602，庚烷是 R603，辛烷是 R604。直链或"正"烃没有后缀。对于带有 4～8 个碳原子的烃类同分异构体，小写字母 a、b、c 等按表 2.1-2 所示根据连接到长碳链上的族被附加到同分异构体上。

例如，R601a 被分配给 2-甲基丁烷（异戊烷），而 R601b 将被分配给 2,2-二甲基丙烷

（季戊烷）。其中一个异构体的浓度大于或等于 4% 的混合同分异构体，应在 400 或 500 系列中被分配一个编号。

未分类的单组份制冷剂的编号 表 2.1-1

制冷剂编号	成分标识前缀	化学名称	化学分子式	摩尔质量[*] (g/mol)	标准沸点[*] (℃)	LFL(体积分数) ppm	ATEL(体积分数) ppm	RCL(体积分数) ppm
甲烷系列								
R12B1	BCFC	溴氯二氟甲烷	$CBrClF_2$	165.4	−4			
R13	CFC	氯三氟甲烷	$CClF_3$	104.5	−81			
R13B1	BFC	溴三氟甲烷	$CBrF_3$	148.9	−58			
R21	HCFC	二氯氟甲烷	$CHCl_2F$	102.9	9			
R30	HCC	二氯甲烷（亚甲基氯）	CH_2Cl_2	84.9	40			
R31	HCFC	氯氟甲烷	CH_2ClF	68.5	−9			
R40	HCC	氯甲烷（甲基氯）	CH_3Cl	50.5	−24	107000		
R41	HFC	氟甲烷（甲基氟）	CH_3F	34.0	−78	71000		
R50	HC	甲烷	CH_4	16.0	−161	50000		
乙烷系列								
R141b	HCFC	1,1-二氯-1-二氟	CH_3CCl_2F	117.0	32	7600	2600	2600
氧化物								
R610		乙醚	$CH_4CH_2OCH_2CH_3$	74.1	35	19000		
R611		甲酸甲酯	$HCOOCH_3$	60.0	32	50000		
氮化合物								
R630		甲胺	CH_3NH_2	31.1	−7	49000		
R631		乙胺	$CH_3CH_2NH_2$	45.1	17	35000		
硫化合物								
R620		（为将来编号使用）						
无机化合物								
R702		氢	H_2	2.0	−253	40000		
R704		氦	He	4.0	−269			
R718		水	H_2O	18.0	100			
R720		氖	Ne	20.2	−246			
R728		氮	N_2	28.1	−196			
R732		氧	O_2	32.0	−183			
R740		氩	Ar	39.9	−186			
R744A		氧化亚氮	N_2O	44.0	−90			
R764		二氧化硫	SO_2	64.1	−10			
不饱和有机化合物								
R1132a	HFC	1,1-二氟乙烯（亚乙烯基氟）	$CH_2=CF_2$	64.0	−82	47000		
R1150	HC	乙烯	$CH_2=CH_2$	28.1	−104	31000		

[*] 相对摩尔质量和标准沸点不是本表的一部分。标准沸点是液态物质在标准大气压（101.3kPa）下沸腾时所处的温度。

各种有机化合物的后缀   表 2.1-2

被连接的族	后缀	被连接的族	后缀
无(直链)	无后缀	4-甲基-	i
2-甲基-	a	2,5-二甲基-	j
2,2-二甲基-	b	3,4-二甲基-	k
3-甲基-	c	2,2,4-三甲基-	l
2,3-二甲基-	d	2,3,3-三甲基-	m
3,3-二甲基-	e	2,3,4-三甲基-	n
2,4-二甲基-	f	2,2,3,3-四甲基-	o
2,2,3-三甲基-	g	3-乙基-2-甲基-	p
3-乙基-	h	3-乙基-3-甲基-	q

3. 安全性分类

(1) 安全分类组成

制冷剂安全性分类由两个字母数字符号(如 A1、B2 等)以及一个表示低燃烧速度的字母"L"组成。大写字母表示毒性分类,阿拉伯数字表示可燃性分类。混合制冷剂应被分配一个双安全组别。由斜杠(/)分隔两个组别。所列的第一个类别应为混合制冷剂的最不利成分(WCF)的类别。所列的第二个类别应为最不利分馏成分(WCFF)的类别。

(2) 毒性分类

制冷剂根据容许的接触量,毒性分为 A、B 两类。

A 类(低慢性毒性):制冷剂的职业接触限定值 OEL≥400ppm。0.01%的体积分数相当于 100ppm。

B 类(高慢性毒性):制冷剂的职业接触限定值 OEL<400ppm。

(3) 可燃性分类

按制冷剂的可燃性危险程度,制冷剂的可燃性根据可燃下限(LFL)、燃烧热(HOC)和燃烧速度(Su)分为 1、2L、2 和 3 四类。

(4) 安全分类系统矩阵图

根据毒性和可燃性分类原则,把制冷剂分为 8 个安全分类(A1、A2L、A2、A3、B1、B2、B2L 和 B3),如图 2.1-1 矩阵图所示。

	低慢性毒性	高慢性毒性
无火焰传播	A1	B1
弱可燃	A2L	B2L
可燃	A2	B2
可燃易爆	A3	B3

图 2.1-1　制冷剂安全分类矩阵图

4. 常见制冷剂的 ODP、GWP、安全分类

（1）ODP（Ozone Depletion Potential，臭氧消耗潜能）

ODP 表示大气中氯氟碳化物质对臭氧层破坏的能力与 R11 对臭氧层破坏的能力之比值，R11 的 ODP＝1.0。ODP 值越小，制冷剂的环境特性越好。根据目前的水平，认为 ODP 值小于或等于 0.05 的制冷剂是可以接受的。

（2）GWP（Global Warming Potential，全球变暖潜能）

GWP 是温室气体排放所产生的气候影响的指标，表示在一定时间内（20 年、100 年、500 年），某种温室气体的温室效应对应于相同效应的 CO_2 的质量，CO_2 的 GWP＝1.0。通常基于 100 年计算 GWP，记作 GWP_{100}，《蒙特利尔议定书》和《京都议定书》都是采用 GWP_{100}。

常见制冷剂的 COP、GWP_{100}、安全分类如表 2.1-3 所示。

常见制冷剂的 ODP、GWP_{100}、安全分类　　　　　　　　　表 2.1-3

制冷剂		化学名称　分子式	大气中寿命（年）	ODP	GWP_{100}	安全分类
一般编号	成分标识编号					
氯氟烃（CFCs）						
R11	CFC-11	三氯氟甲烷 CCl_3F	45	1	4660	A1
R12	CFC-12	二氯二氟甲烷 CCl_2F_2	100	0.73	10800	A1
R13	CFC-13	氯三氟甲烷 $CClF_3$	640	1	13900	A1
R113	CFC-113	1,1,2-三氯-1,2,2-三氟乙烷 CCl_2FCClF_2	85	0.81	5820	A1
R114	CFC-114	1,2-二氯-1,1,2,2-四氟乙烷 $CClF_2CClF_2$	190	0.5	8590	A1
R115	CFC-115	五氟氯乙烷 $CClF_2CF_3$	1020	0.26	7670	A1
氢氯氟烃（氢氯氟烷烃 HCFCs、氢氯氟烯烃 HCFOs）						
R22	HCFC-22	氯二氟甲烷 $CHClF_2$	11.9	0.034	1760	A1
R123	HCFC-123	2,2-二氯-1,1,1-三氟乙烷 $CHCl_2CF_3$	1.3	0.01	79	B1
R124	HCFC-124	2-氯-1,1,1,2-四氟乙烷 $CHClFCF_3$	5.9	0.02	527	A1
R142b	HCFC-142b	1-氯-1,1-二氟乙烷 CH_3CClF_2	17.2	0.057	1980	A2
R1233zd(E)	HCFO-1233zd(E)	反式-1-氯-3,3,3-三氟醚-1-丙烯 $CF_3CH=CHCl$	0.071	0.00034	1	A1
氢氟烃（氢氟烷烃 HFCs、氢氟烯烃 HFOs）						
R23	HFC-23	三氟甲烷 CHF_3	222	0	12400	A1
R32	HFC-32	二氟甲烷 CH_2F_2	5.2	0	677	A2L
R125	HFC-125	五氟乙烷 CHF_2CF_3	28.2	0	3170	A1
R134a	HFC-134a	1,1,1,2-四氟乙烷 CH_2FCF_3	13.4	0	1300	A1
R143a	HFC-143a	1,1,1-三氟乙烷 CH_3CF_3	47.1	0	4800	A2L
R152a	HFC-152a	1,1-二氟乙烷 CH_3CHF_2	1.5	0	138	A2
R227ea	HFC-227ea	1,1,1,2,3,3,3-七氟丙烷 CF_3CHFCF_3	38.9	0	3350	A1
R236fa	HFC-236fa	1,1,1,3,3,3-六氟丙烷 $CF_3CH_2CF_3$	242	0	8060	A1
R245fa	HFC-245fa	1,1,1,3,3-五氟丙烷 $CF_3CH_2CHF_2$	7.7	0	858	B1
R1234yf	HFO-1234yf	2,3,3,3-四氟-1-丙烯 $CF_3CF=CH_2$	0.029	0	<1	A2L

续表

制冷剂		化学名称 分子式	大气中寿命(年)	ODP	GWP$_{100}$	安全分类
一般编号	成分标识编号					
氢氟烃(氢氟烷烃 HFCs、氢氟烯烃 HFOs)						
R1234ze(E)	HFO-1234ze(E)	反式-1,3,3,3-四氟-1-丙烯 $CF_3CH{=}CHF$	0.045	0	<1	A2L
R1336mzz(Z)	HFO-1336mzz(Z)	顺式-1,1,1,4,4,4-六氟-2-丁烯 $CF_3CH{=}CHCF_3$	0.07	0	2	A1
碳氢化合物/烃类(HCs)						
R290	HC-290	丙烷 $CH_3CH_2CH_3$	0.034	0	5	A3
R600	HC-600	丁烷 $CH_3CH_2CH_2CH_3$		0	4	A3
R600a	HC-600a	异丁烷 $CH(CH_3)_2CH_3$	0.016	0	20	A3
R601a	HC-601a	异戊烷 $(CH_3)_2CHCH_2CH_3$	0.009	0	20	A3
R1270	HC-1270	丙烯 $CH_3CH{=}CH_2$	0.001	0	1.8	A3
全氟烃(PFCs)						
R116	PFC-116	六氟乙烷 CF_3CF_3	10000	0	11100	A1
R218	PFC-218	八氟丙烷 $CF_3CF_2CF_3$	2600	0	8900	A1
RC318	PFC-C318	八氟环丁烷 C_4F_8	3200	0	9540	A1
其他化合物						
RE170	HE-E170	二甲醚 CH_3OCH_3	0.015	0	1	A3
R717	R-717	氨气 NH_3		0		B2L
R744	R-744	二氧化碳 CO_2		0	1	A1

制冷剂编号	混合物组成(质量分数,%)	ODP	GWP$_{100}$	安全分类	制冷剂编号	混合物组成(质量分数,%)	ODP	GWP$_{100}$	安全分类
R4XX 非共沸混合物									
R401a	R-22/152a/124 (53.0/13.0/34.0)	0.02	1130	A1	R408a	R-125/143a/22 (7.0/46.0/47.0)	0.02	3260	A1
R401b	R-22/152a/124 (61.0/11.0/28.0)	0.03	1240	A1	R409a	R-22/124/142b (60.0/25.0/15.0)	0.03	1480	A1
R402a	R-125/290/22 (60.0/2.0/38.0)	0.01	2570	A1	R410a	R-32/125 (50.0/50.0)	0	1920	A1
R402b	R-125/290/22 (38.0/2.0/60.0)	0.02	2260	A1	R411a	R-1270/22/152a (1.5/87.5/11.0)	0.03	1560	A2
R403a	R-290/22/218 (5.0/75.0/20.0)	0.03	3100	A1	R411b	R-1270/22/152a (3.0/94.0/3.0)	0.03	1660	A2
R403b	R-290/22/218 (5.0/56.0/39.0)	0.02	4460	A1	R412a	R-22/218/142b (70.0/5.0/25.0)	0.04	2170	A2
R404a	R-125/143a/134a (44.0/52.0/4.0)	0	3940	A1	R413a	R-218/134a/600a (9.0/88.0/3.0)	0	1950	A2
R406a	R-22/600a/142b (55.0/4.0/41.0)	0.04	1780	A2	R415b	R-22/152a (25.0/75.0)	0.009	544	A2
R407a	R-32/125/134a (20.0/40.0/40.0)	0	1920	A1	R417a	R-125/134a/600 (46.6/50.0/3.4)	0	2130	A1
R407b	R-32/125/134a (10.0/70.0/20.0)	0	2550	A1	R418a	R-290/22/152a (1.5/96.0/2.5)	0.03	1690	A2
R407c	R-32/125/134a (23.0/25.0/52.0)	0	1620	A1	R419a	R-125/134a/E170 (77.0/19.0/4.0)	0	2690	A2
R407d	R-32/125/134a (15.0/15.0/70.0)	0	1490	A1	R422d	R-125/134a/600a (65.1/31.5/3.4)	0	2470	A1

续表

制冷剂编号	混合物组成(质量分数,%)	ODP	GWP$_{100}$	安全分类	制冷剂编号	混合物组成(质量分数,%)	ODP	GWP$_{100}$	安全分类
R5XX 共沸混合物									
R500	R-12/152a(73.8/26.2)	0.5	8010	A1	R509a	R-22/218(44.0/56.0)	0.01	5760	A1
R501	R-22/12(75.0/25.0)	0.29	4020	A1	R510a	R-E170/600a(88.0/12.0)	0	3	A3
R502	R-22/115(48.8/51.2)	0.2	4790	A1	R511a	R-290/E170(95.0/5.0)	0	5	A3
R507a	R-125/143a(50.0/50.0)	0	3990	A1	R512a	R-134a/152a(5.0/95.0)	0	196	A2
R508a	R-23/116(39.0/61.0)	0	11600	A1	R513a	R-1234yf/134a(56.0/44.0)	0	573	A1
R508b	R-23/116(46.0/54.0)	0	11700	A1					

注：不同版本的 ODP、GWP 可能存在微小差异，以上数据主要引自 ASHRAE 2017 Fundamentals Handbook。

2.1.2　冷冻冷藏行业常用制冷剂的性质

冷冻冷藏行业常用制冷剂有：R22、R502、R507、R717、R404A、R407C、R410A、R134a、R744 等。制冷剂的选择和使用均按照《制冷剂编号方法和安全性分类》GB/T 7778—2017 执行。

1. R22 制冷剂

R22 制冷剂，化学名称是二氟一氯甲烷，化学分子式为 CHF_2Cl。

R22 制冷剂属中压中温制冷剂，其单位容积制冷量比 R12 大，与氨制冷剂差不多。压缩终温介于氨和 R12 之间，能制取的最低温度可达−80℃。R22 不易燃烧，不易爆炸。R22 在与明火接触时，会分解出有毒的气体（$COCl_2$），因此在检修制冷压缩机用明火时，应对制冷系统充分换气（吹气），操作时应对环境通风，R22 在钢铁、铜容器中能长时间地在 135～150℃ 的温度中工作，超过温度就会开始逐渐分解。它与冷冻油作用，除酸和水外，使油中的碳游离出来，生成积碳，并且在与铁共存的情况下，温度达到 550℃ 会分解。水在 R22 中的溶解度比 R12 中大 10 倍以上，而且温度越低，其含水量的比例越高，因此，要求 R22 中含水量不超过 40～60mg/L（百万分率）。

R22 与润滑油微溶解，在压缩机泵壳内和冷凝器中相互溶解，而在蒸发器内分离，其溶解度随着温度的变化而变化。R22 的渗透性强，比 R12 更易泄漏，所以其密封性要求更高，单位容积制冷量比 R12 大 40% 左右。R22 的电气性能良好，绝缘性能优良，只是在液相时的介电常数高，绝缘电阻低；介电常数高，意味着由于微量杂质而引起绝缘电阻降低的趋势增大，如与润滑油混合，绝缘强度将急剧降低，因此，在封闭系统中使用 R22 时，对电气绝缘材料厂杂质要特别地注意。

R22 作为当今使用最广泛的中低温制冷剂，主要应用于家用空调、商用空调、中央空调、移动空调、热泵热水器、除湿机、冷冻式干燥器、冷库、食品冷冻设备、船用制冷设备、工业制冷、商业制冷，冷冻冷凝机组、超市陈列展示柜等制冷设备。二氟一氯甲烷也可用于生产聚四氟乙烯树脂的原料和灭火剂 1121 的中间体，以及用于聚合物（塑料）物理发泡剂。

R22 属于 HCFC 类制冷剂，根据《蒙特利尔议定书》，将于 2030 年前全面淘汰。其主要环保替代品有：R404A，R410A，R290，R23，R407C，R411A，R417A，R1270。

通常与制冷剂 R22 配用的冷冻机油有：Suniso（太阳）3GS、4GS、5GS，KunLun（昆仑）3GS、4GS、5GS，ICEMATIC（嘉实多）SW220、CP-4214-320，LUNARIA（道达尔）KT15、22、32、46、56，Capella（加德士）WF68 等；在不同设备、不同应用场所最终使用何种冷冻油，应遵照冷冻压缩机和制冷（空调）设备厂商的建议，或根据该制冷压缩机、制冷设备使用的具体情况来确定使用同等设计和技术员要求的冷冻机润滑油，即选用对等的冷冻机油。

R22 性能参数如表 2.1-4 所示。

R22 性能参数表	表 2.1-4
制冷剂	R22
分子量	86.5
沸点(1atm)(℃)	−40.8
临界温度(℃)	96.24
临界压力(kPa)	4980
饱和蒸汽压力(25℃)(kPa)	1044
汽化热/蒸发潜热(沸点下 1atm)(kJ/kg)	233
破坏臭氧潜能值(ODP)	0.034
全球变暖潜能值(GWP,100a)	1700
ASHRAE 安全级别	A1(无毒不可燃)

2. R502 制冷剂

R502 属氟利昂双组分组成的共沸混合制冷剂，它是由 48.8% 的 R22 和 51.2% 的 R115 按比例混合而成。R502 也属于中压中温制冷剂，具有冷冻容量高、致冷速度快的优异制冷性能。工作压力略高于 R22，在相同的工况条件下，压缩比小，排气温度低。

R502 广泛应用于食品陈列、食品贮藏、商业制冷、超市陈列展示柜、制库、食品冷冻设备、冰淇淋机、船用制冷设备、运输制冷、工业制冷、低温冰箱以及低温冷冻冷凝机组等制冷设备。

通常与 R502 制冷剂配用的冷冻机油有：Suniso（太阳）3GS、4GS，KunLun（昆仑）3GS、4GS，LUNARIA（道达尔）KT15、22、32、46、56 等；在不同设备、不同应用场所使用何种冷冻油，应遵照冷冻压缩机和制冷（空调）设备厂商的建议，或根据该制冷压缩机、制冷设备使用的具体情况来确定使用同等设计和技术员要求的冷冻机润滑油，即选用对等的冷冻机油。

R502 性能参数如表 2.1-5 所示。

R502 性能参数表	表 2.1-5
制冷剂	R502
分子量	111.63
沸点(1atm)(℃)	−45.4
临界温度(℃)	82.2
临界压力(kPa)	4072

饱和蒸汽压力(25℃)(kPa)	1148
汽化热/蒸发潜热(沸点下 1atm)(kJ/kg)	172
破坏臭氧潜能值(ODP)	0.221
全球变暖潜能值(GWP,100a)	4500
ASHRAE 安全级别	A1(无毒不可燃)

3. R507A 制冷剂

R507A 制冷剂主要用于替代 R22 和 R502,由 R125 和 R143a 按 1∶1 混合而成,具有清洁、低毒、不燃、制冷效果好等特点,大量用于中低温冷冻系统。R22 和 R502 能用的系统中均能使用 R507A。R507A 和 R404A 一样都是 R502、R22 制冷剂的长期替代物(HFC 类物质),但是 R507A 通常能比 R404A 达到更低的温度;R507A 适用于所有 R502 可正常运作的环境,得到全球绝大多数制冷设备制造商的认可和使用。

R507A 作为当今广泛使用的低温制冷剂,常应用于冷库、食品冷冻设备、船用制冷设备、工业低温制冷、商业低温制冷、冷藏车、冷冻冷凝机组、超市陈列展示柜等制冷设备。

通常与 R507A 制冷剂配用的冷冻机油有:ICEMATIC(嘉实多)SW32、SW220,EMKARATE(冰熊)RL32H、RL170H 等;在不同设备、不同应用场所使用何种冷冻油,应遵照冷冻压缩机和制冷(空调)设备厂商的建议,或根据该制冷压缩机、制冷设备使用的具体情况,来确定使用同等设计和技术员要求的冷冻机润滑油,即选用对等的冷冻机油。

R507A 性能参数如表 2.1-6 所示。

R507A 性能参数表　　　　　　　　　　　　　表 2.1-6

制冷剂	R507A
分子量	98.9
沸点(1atm)(℃)	-46.7
临界温度(℃)	70.9
临界压力(kPa)	3794
饱和蒸气压力(25℃)(kPa)	1287
汽化热/蒸发潜热(沸点下 1atm)(kJ/kg)	200.5
破坏臭氧潜能值(ODP)	0
全球变暖潜能值(GWP,100a)	3900
ASHRAE 安全级别	A1(无毒不可燃)

4. R717 制冷剂

R717 为氨制冷剂,化学分子式为 NH_3,氨属中温制冷剂,单位容积制冷量大,约为 520kcal/m^3,所以氨压缩机的尺寸可以较小。氨有很好的吸水性,即使在低温下水也不会从氨液中析出而冻结,故系统内不会发生"冰塞"现象。氨对钢铁不具有腐蚀作用,但氨液中含有水分后,对铜及铜合金有腐蚀作用,且使蒸发温度稍许提高。因此,氨制冷装置中不能使用铜及铜合金材料，并规定氨中含水量不应超过 0.2%。氨的相对密度和黏度小，放热系数高，价格便宜，易于获得。

氨的蒸气无色，有强烈的刺激臭味。氨对人体有较大的毒性，当氨液飞溅到皮肤上时会引起冻伤。并且，氨有较强的毒性和可燃性。若以容积计，当空气中氨的含量达到 0.5%～0.6% 时，人在其中停留半个小时即可中毒，达到 11%～13% 时即可点燃，达到 16% 时遇明火就会爆炸。因此，氨制冷机房必须注意通风排气，并需经常排除系统中的空气及其他不凝性气体。氨在常温下不易燃烧，但加热至 350℃ 时，则分解为氮和氢气，氢气与空气中的氧气混合后会发生爆炸。氨对钢铁不起腐蚀作用，但氨液中含有水分后，对铜及铜合金有腐蚀作用，且使蒸发温度稍许提高。因此，氨制冷装置中不能使用铜及铜合金材料，并规定氨中含水量不应超过 0.2%。

R717 常用于大型冷库和制冰。

通常与 R502 制冷剂配用的冷冻机油有：KunLun（昆仑）DRA/A32DRA/A46DRA/A68，Suniso（太阳）4GS、3GS 等。

R717 性能参数如表 2.1-7 所示。

R717 性能参数表　　　　　　　　　　表 2.1-7

制冷剂	R717
分子量	17
沸点(1atm)(℃)	−33.4℃
临界温度(℃)	133℃
临界压力(kPa)	11417
饱和蒸气压力(25℃)(kPa)	1036
汽化热/蒸发潜热(沸点下 1atm)(kJ/kg)	251.34
破坏臭氧潜能值(ODP)	0
全球变暖潜能值(GWP,100a)	1
ASHRAE 安全级别	B2L(无毒不可燃)

5. R134a

R134a 属 HFC 类制冷剂，它安全性好、无色、无味、不燃烧、不爆炸、基本无毒性、化学性质稳定；R134a 汽化潜热大、比定压热容大、具有较好制冷能力；饱和气体积大，相同排气量压缩机的制冷剂质量流量小，热导率较高、热传导性能好；黏度低、流动性好；对臭氧层没有破坏作用、温室效应比 R22 小。

R134a 对金属的腐蚀作用比较小，稳定性好，也不溶于水，但 R134a 不溶于矿物油，需用 POE 或 PAG 润滑油。

R134a 是一种使用最广泛的中低温环保制冷剂，它具有良好的综合性能，使其成为一种非常有效和安全的制冷剂 R12 的替代品，可以应用于使用 R12 制冷剂的多数领域。R134a 常用于冰箱、冷柜、冷库、商业制冷、冰水机、冰淇淋机、冷冻冷凝机组等制冷设备中，同时还可应用于气雾推进剂、医用气雾剂、杀虫药抛射剂、聚合物（塑料）物理发泡剂，以及镁合金保护气体等。虽然 R134a 制冷剂是新装制冷设备上替代氟利昂 R12 最普遍的选择，但是由于 R134a 与 R12 物化性能、理论循环性能以及压缩机用油等均不相同，因此对于初装为 R12 制冷剂的制冷设备的售后维修，如果需要再添加或更换制冷剂，仍然只能添加 R12，通常不能直接以 R134a 替代 R12。

通常与 R134a 制冷剂配用的冷冻机油有：Reflube（氟润）SE 系列，Emkarate（冰熊）RL32H、RL68H、RL100H、RL170H、RL220H，CPI（西匹埃）Solest（寿力斯特）系列等；在不同设备、不同应用场所最终使用何种冷冻油，应遵照冷冻压缩机和制冷（空调）设备厂商的建议，或根据该制冷压缩机、制冷设备使用的具体情况来确定使用同等设计要求的冷冻机润滑油，即选用对等的冷冻机油。

R134a 性能参数如表 2.1-8 所示。

R134a 性能参数表　　　　　表 2.1-8

制冷剂	R134a
分子量	102.0
沸点（1atm）（℃）	−26.2
临界温度（℃）	101.1
临界压力（kPa）	4070
饱和蒸气压（25℃）（kPa）	661.9
汽化热/蒸发潜热（沸点下，1atm）（kJ/kg）	216
破坏臭氧潜能值（ODP）	0
全球变暖潜能值（GWP，100a）	1300
ASHRAE 安全级别	A1（无毒不可燃）

6. R404A 制冷剂

R404A 由 R125、R134a 和 R143a 三种工质按 44%、52% 和 4% 的质量分数混合而成，可作为 R22 和 R502 的替代工质。R404A 在标准压力下泡点温度为 −46.6℃，相变温度滑移较小，约为 0.8℃，汽化潜热为 143.48kJ/(kg·K)，液体的比热容为 1.64kJ/(kg·K)，气体的比定压热容为 1.03kJ/(kg·K)。该制冷剂的 ODP 为 0，GWP 为 4540。R404A 是一种对臭氧层不起破坏作用的混合制冷剂。它是应用在商用制冷系统领域的 R502 与 R22 的长期替代品，广泛应用于超市冷冻柜、冷库、陈列柜、运输冷冻、制冰机等领域。R404A 制冷剂是新装制冷设备上替代氟利昂 R22 和 R502 的最普遍的工业标准制冷剂（通常为低温冷冻系统），R404A 最接近于 R502 的运作，它适用于所有 R-502 可正常运作的环境，得到全球绝大多数的制冷设备制造商的认可和使用。

通常与 R404A 制冷剂配用的冷冻机油有：Reflube（氟润）SE32、SE170，EMKARATE（冰熊）RL32H、RL170H 等；在不同设备、不同应用场所最终使用何种冷冻油，应遵照冷冻压缩机和制冷（空调）设备厂商的建议，或根据该制冷压缩机、制冷设备使用的具体情况来确定使用同等设计和技术员要求的冷冻机润滑油，即选用对等的冷冻机油。

R404A 性能参数如表 2.1-9 所示。

R404A 性能参数表　　　　　　　　　表 2.1-9

制冷剂	R404A
分子量	97.6
沸点(1atm)(℃)	−46.8
临界温度(℃)	72.1
临界压力(kPa)	3732
饱和蒸气压(25℃)(kPa)	1255
汽化热/蒸发潜热(沸点下 1atm)(kJ/kg)	207
破坏臭氧潜能值(ODP)	0
全球变暖潜能值(GWP,100a)	3800
ASHRAE 安全级别	A1(无毒不可燃)

7. R407C

R407C 是由 R32、R125 和 R134a 三种工质按 23％、25％ 和 52％ 的质量分数混合而成。标准压力下泡点温度为 −43.8℃，相变温度滑移为 7.2℃。该制冷剂的 ODP 为 0，GWP 为 1900。R407C 的热力性质与 R22 最为相似，二者的工作压力范围、制冷量都十分相近。原有 R22 机器设备改用 R407C 后，需要更换润滑油、调整制冷剂的充注量及节流元件。R407C 机器的制冷量和能效比与 R22 机器相比稍有下降。R407C 的缺点是温度滑移较大，在发生泄漏、部分室内机不工作的多联系统，以及使用满液式蒸发器的场合时，混合物的配比可能发生变化而达不到预期效果。另外，非共沸混合物在传热表面的传质阻力增加，可能会造成蒸发、冷凝过程的热交换效率降低，这在壳管式换热器中制冷剂在壳侧时尤为明显。R407C 的温度滑移能否对系统带来好处，关键在于能否使传热介质流动安排与其温度滑移相匹配。

R407C 作为当今广泛使用的中高温制冷剂，主要应用于家用空调、中小型商用空调、中小型单元式空调、户式中央空调、多联机、汽车空调等、除湿机、冷冻式干燥器、船用制冷设备、工业制冷等制冷设备。

通常与 R407C 制冷剂配用的冷冻机油有：EMKARATE（冰熊）RL68H、RL170H，Reflube（氟润）SE68 等。

R407C 性能参数如表 2.1-10 所示。

R407C 性能参数表　　　　　　　　　表 2.1-10

制冷剂	R407C
分子量	86.2
沸点(1atm)(℃)	−43.6
临界温度(℃)	86.74
临界压力(kPa)	4620
饱和蒸气压(25℃)(kPa)	1174
汽化热/蒸发潜热(沸点下 1atm)(kJ/kg)	250

续表

破坏臭氧潜能值(ODP)	0
全球变暖潜能值(GWP,100a)	1900
ASHRAE 安全级别	A1/A1

8. R410A 制冷剂

R410A 由两种准共沸的混合物 R32 和 R125 各 50％组成,主要由氢、氟和碳元素组成,具有稳定、无毒、制冷效率高等特点。R410A 制冷剂是一种新型环保制冷剂,不破坏臭氧层,工作压力为普通 R22 空调的 1.6 倍左右。R410A 是目前为止国际公认的用来替代 R22 最合适的冷媒,并在欧美、日本等国家和地区得到普及。

R410A 制冷剂作为当今广泛使用的中高温制冷剂,主要应用于冷冻式干燥器、船用制冷设备、工业制冷等制冷设备。相较于 R22 来说,R410A 是其最佳的替代品。但要注意的是,由于 R410A 和 R22 的工作压力不同,它们的初装设备要求也不同。对于初装 R410A 的设备在需要更换制冷剂时可以直接更换 R22,但对于初装 R22 的设备来说不能直接更换为 R410A。

通常与 R410A 制冷剂配用的冷冻机油有:EMKARATE(冰熊)RL68H,SUNISO(太阳)SL-68S 等。

R410A 性能参数如表 2.1-11 所示。

R410A 性能参数表

表 2.1-11

制冷剂	R410A
分子量	72.6
沸点(1atm)(℃)	−51.6
临界温度(℃)	72.13
临界压力(kPa)	4920
饱和蒸气压(25℃)(kPa)	1653
汽化热/蒸发潜热(沸点下,1atm)(kJ/kg)	275
破坏臭氧潜能值(ODP)	0
全球变暖潜能值(GWP,100a)	1975
ASHRAE 安全级别	A1/A1(无毒不可燃)

9. R744 制冷剂

R744(CO_2)制冷剂无色、无臭、无毒、不可燃、不爆炸,热力性质极佳,是工业领域仅次于水和空气的环保物质。

目前 CO_2 制冷循环模式基本有三种:超临界 CO_2 制冷循环、跨临界 CO_2 制冷循环、亚临界 CO_2 制冷循环。

CO_2 以其稳定的化学性质在冷冻冷藏领域、销售运输冷链领域非常适合。另一个非常有前途的应用方式是覆叠式制冷系统中作低温级的制冷剂,与 R290 或 NH_3 高温制冷剂合作，实现复叠式制冷循环，可以得到－60℃或更低的低温环境。

CO_2 制冷剂有如下优势：

（1）不破坏臭氧层。

（2）全球暖化潜势（GWP）为 1。

（3）取得容易（可从工业废气中取得），成本极低。

（4）对人体健康与居住环境无短、中、长期之害处，故不需回收或再处理。

（5）无毒且不会分解出刺激性物质。

（6）不可燃且不会爆炸。

（7）极佳的热力性质。

（8）CO_2 冷媒系统可使用传统的矿物类润滑油。

（9）CO_2 系统在一般夏季室外条件下的散热过程为穿越临界点或超越临界点的过程，因无实际上的冷凝现象，故散热用热交换器，称之为气体冷却器。

（10）对相同的气体冷却器出口温度而言，压缩机出口压力越高则制冷能力越大。

（11）压缩比低。R134a 当在冷凝温度为 50℃，蒸发温度为 0℃时，压缩比为 4.3；而 CO_2 气体冷却器在出口温度为 37℃，蒸发温度为 0℃时，压缩比为 2.6。同时，压缩机的压缩比降低，压缩过程可更接近等熵压缩而使效率提升。

（12）气体冷却器的渐近温度比 R134a 的 10～15K 小许多。

（13）相同体积的蒸发器，CO_2 的管径小、管排数多。

（14）因为系统压力大，CO_2 在蒸发器中分布较均匀。

（15）气体密度高，可降低管路与压缩机尺寸，从而使系统重量减轻、结构紧凑、体积小。

由于 CO_2 系统穿越了临界点的热力特性，因此在设计上有许多待突破的技术，包括：

（1）由于其工作压力高于传统许多，而且吸排气的压差与温差皆较大，因此压缩机各零部件的机械结构、压缩室的防泄漏设计、传动轴上的轴承选用、高压环境的润滑油与油路设计、出口部位的排气阀设计等，均应特别注意。

（2）应用于密闭型压缩机时，耐高压的电机结构、高启动负荷的电机选用、低电机转子惯性、小体积高扭矩及高效率的电机性能等设计，皆是不可忽略的。

（3）如何在小管径、高质量流率的 CO_2 冷媒流动时，提高热传效率。例如设计出高热传效果的管排形式与空气流路、强化吸排热风扇的风速与风量等为热交换器设计时应注意的事项。

（4）其他如因高压系统的动态特性掌控、高压负荷运转的振动、噪声的防止，也是研究 CO_2 压缩机所需面临的重要技术课题。

通常与 R744 制冷剂配用的冷冻机油有：聚 α 烯烃（PAO）类，如 CP-4600-100/68 等，Mycom（日本前川），Vilter（维尔特），York（约克），麦克维尔（Mcquay）等各大厂家都有生产。

R744 性能参数如表 2.1-12 所示。

上述制冷剂特性汇总如表 2.1-13 所示。

R744 性能参数表　　　　　　　　　　　表 2.1-12

制冷剂	R744
分子量	44
沸点（1atm）（℃）	−78.4
临界温度（℃）	31.1
临界压力（kPa）	7380
饱和蒸汽压（25℃）（kPa）	6430
汽化热/蒸发潜热（沸点下 1atm）（kJ/kg）	
破坏臭氧潜能值（ODP）	0
全球变暖潜能值（GWP,100a）	1
ASHRAE 安全级别	A1（无毒不可燃）

制冷剂特性汇总　　　　　　　　　　　表 2.1-13

制冷剂 参数、特性	R22	R502	R507A	R717	R134a	R404A	R407C	R410A	R744
分子量	86.5	111.63	98.9	17	102.0	97.6	86.2	72.6	44
沸点（1atm）（℃）	−40.8	−45.4	−46.7	−33.4℃	−26.2	−46.8	−43.6	−51.6	−78.4
临界温度（℃）	96.24	82.2	70.9	133℃	101.1	72.1	86.74	72.13	31.1
临界压力（kPa）	4980	4072	3794	11417	4070	3732	4620	4920	7380
饱和蒸汽压力（25℃）（kPa）	1044	1148	1287	1036	661.9	1255	1174	1653	6434
汽化热/蒸发潜热（沸点下 1atm）（kJ/kg）	233	172	200.5	251.34	216	207	250	275	571
破坏臭氧潜能值（ODP）	0.034	0.221	0	0	0	0	0	0	0
全球变暖潜能值（GWP,100a）	1700	4500	3900	1	1300	3800	1900	1975	1
ASHRAE 安全级别	A1	A1	A1	B2L	A1	A1	A1	A1	A1
适用系统	家用空调、商用空调、中央空调、移动空调、热泵热水器、除湿机、冷冻式干燥器、冷库、食品冷冻设备、船用制冷设备、工业制冷、商业制冷、冷冻冷凝机组、超市陈列展示柜等制冷设备	食品陈列、食品贮藏、商业制冷、超市陈列展示柜、食品冷冻设备、冰淇淋机、船用制冷设备、运输制冷、工业制冷、低温冰箱，以及低温冷冻冷凝机组等制冷设备	冷库、食品冷冻设备、船用制冷设备、工业低温制冷、商业低温制冷、冷藏车、冷冻冷凝机组、超市陈列展示柜等制冷设备	大型冷库和制冰	冰箱、冷柜、冷库、商业制冷、冰水机、冰淇淋机、冷冻冷凝机组等制冷设备	超市冷柜、冷库、陈列柜、运输冷冻、制冷设备、制冰机等	家用空调、中小型商用空调、中小型单元式空调、户式中央空调、多联机、汽车空调等、除湿机、冷冻式干燥器、船用制冷设备、工业制冷等制冷设备	冷冻式干燥器、船用制冷设备、工业制冷等制冷设备	冷冻冷藏领域、销售运输冷链领域

制冷剂 参数、特性	R22	R502	R507A	R717	R134a	R404A	R407C	R410A	R744
冷冻油	SUNI-SO(太阳)3GS、4GS、5GS，Kun-Lun(昆仑)3GS、4GS、5GS，ICE-MATIC(嘉实多)SW220、CP-4214-320，LU-NARIA(道达尔)KT15、22、32、46、56，CAPELLA(加德士)WF68 等	SUNISO(太阳)3GS、4GS，KunLun(昆仑)3GS、4GS，LUNARIA(道达尔)KT15、22、32、46、56 等	ICEMA-TIC(嘉实多)SW32、SW220，EMKA-RATE(冰熊)RL32H、RL170H 等	KUN-LUN(昆仑)DRA/A32、DRA/A46、DRA/A68，SUN-ISO(太阳)4GS、3GS 等	REFL-UBE(氟润)SE 系列，EMKAR-ATE(冰熊)RL32H、RL68H、RL100H、RL170H、RL220H，CPI(西匹埃)SO-LEST(寿力斯特)系列等	REFL-UBE(氟润)SE32、SE170，EMKA-RATE(冰熊)RL32H、RL170H 等	EMK-ARATE(冰熊)RL68H、RL170H，REFLUBE(氟润)SE68 等	EMK-ARATE(冰熊)RL68H，SUNISO(太阳)SL-68S 等	聚α烯烃(PAO)类，如cp-4600-100/68 等

2.2 制冷剂的安全管理

2.2.1 涉氨和高压、易燃易爆相关法规

1. 制冷剂相关气瓶及管理规范

（1）《钢质无缝气瓶》GB/T 5099。

钢制无缝气瓶主要用于盛装压缩气体、高压液化气体，公称工作压力一般不大于30MPa。常见无缝气瓶容积为40L，常用于盛装氮气、氧气。常见低温制冷剂如R116、R23 等，可用无缝气瓶充装。

（2）《钢质焊接气瓶》GB 5100。

钢制焊接气瓶主要用于盛装低压液化气体，最高工作压力不大于8MPa，容积一般为40～1000L，是制冷剂最常用的重复性包装形式，除R116、R23 等属于高压液化气体的低温制冷剂外，所有低压液化气体类的氟利昂类制冷剂和氨制冷剂均可使用。注意氨气瓶不能和氟利昂类制冷剂气瓶混用。

（3）《气瓶安全技术规程》TSG 23。

气瓶的使用、管理应遵循的安全技术要求。

（4）《工业用非重复充装焊接钢瓶》GB/T 17268。

该标准规定了制冷剂常用的非重复性（一次性）气瓶的形式、设计、制造、检验和试验、色标、涂敷等要求。该钢瓶仅可充装 R22、R134a、R410A 等低压液化气体类制冷剂，且严格禁止重复充装，不适用于 R23、R116 等高压液化气体。

（5）《钢质焊接气瓶定期检验与评定》GB/T 13075。

（6）《钢质无缝气瓶定期检验与评定》GB/T 13004。

（7）《液化气体气瓶充装规定》GB 14193。

（8）《气瓶安全技术监察规程》TSG R0006。

2. 制冷剂相关固定式压力容器及管理规范

《固定式压力容器安全技术监察规程》TSG 21；

《压力容器》GB 150；

《压力容器定期检验规则》TSG R7001。

3. 制冷剂相关压力管道及管理规范

《压力管道安全技术监察规程——工业管道》TSG D0001。

4. 制冷剂储存运输相关规范

《建筑设计防火规范》GB 50016；

《国家危险废物名录（2021 年版）》（生态环境部第 15 号令）；

《危险货物道路运输规则　第 1 部分：通则》JT/T 617.1；

《危险货物分类和品名编号》GB 6944。

2.2.2　气瓶管理

冷冻冷藏行业使用的气瓶主要包括无缝气瓶、钢制焊接气瓶、非重复性气瓶、真空绝热气瓶等，其中氨、低压液化气体类氟利昂制冷剂，如 R32、R134a、R410A、R407C 等，一般使用钢制焊接气瓶；高压液化气体类氟利昂制冷剂，如 R23、R116 等，一般使用无缝气瓶；液体二氧化碳一般使用真空绝热气瓶；另有专供低压液化气体类氟利昂制冷剂使用的非重复性（一次性）气瓶等；焊接用氧气使用无缝气瓶；焊接用乙炔气应使用带填料的乙炔专用钢瓶。其储存、运输和使用，应符合《气瓶安全技术规程》TSG 23、《气瓶安全技术监察规程》TSG R0006 等有关标准规范的规定，并定期进行耐压试验。

1. 使用单位基本要求

气瓶的使用单位及其主要负责人对气瓶使用安全负责。使用单位应当采购取得相应制造资质的单位制造的、经检验合格的气瓶以及气瓶阀门，并且按照《特种设备使用管理规则》的有关规定办理气瓶使用登记（非重复充装气瓶不需要办理使用登记）、变更以及注销手续。应当建立有关岗位责任、隐患治理、应急救援等安全管理制度，制定相关操作规程，保证气瓶安全使用；应当按照《特种设备使用管理规则》相应要求配备安全管理人员，并且负责开展有关气瓶安全使用的安全教育和技能培训。使用单位应当负责对本单位办理使用登记的气瓶进行日常维护保养，更换超过设计使用年限的瓶阀等安全附件，涂敷使用登记标志和下次检验日期。接受特种设备安全监管部门依法实施的监督检查。

2. 安全管理

（1）安全管理制度

使用单位应当根据气瓶安全管理实际工作需要，建立健全并有效实施以下安全管理制度：

1）特种设备安全管理人员、作业人员岗位职责以及培训制度；

2）气瓶建档、使用登记、标志涂覆、定期检验和维护保养制度；

　　3）气瓶安全技术档案（含电子文档）保管制度；

　　4）气瓶以及气瓶阀门采购、储存、收发、标志、检查和报废、更换等管理制度；

　　5）气瓶隐患排查治理以及报废气瓶去功能化处理制度；

　　6）气瓶事故报告和处理制度；

　　7）应急演练和应急救援制度；

　　8）接受安全监督的管理制度。

　（2）安全技术档案

气瓶使用单位应当建立安全技术档案（含电子档案），档案至少包括以下内容：

　　1）气瓶使用登记证和使用登记汇总表；

　　2）气瓶产品质量合格证、检验证书、维护保养说明等出厂技术资料和文件（或者电子文档）；

　　3）气瓶定期检验报告；

　　4）气瓶日常维护保养记录；

　　5）气瓶附件和安全保护装置校验、检修、更换记录和有关报告；

　　6）事故情况或者异常情况所采取的应急措施和处理情况记录等资料；

　　7）气瓶充装前（后）检查记录和充装记录（或者电子信息文档）；

　　8）充装用仪器仪表检定、校验证书以及修理和更换记录；

　　9）压力容器、压力管道等特种设备的设备档案；

　　10）各类人员培训考核资料以及向气体使用者宣传教育的资料；

　　11）需要存档的其他资料。

　（3）操作规程

使用单位应当根据气瓶使用特点和充装安全要求，制定操作规程。气瓶使用的操作规程一般包括气瓶的使用参数、使用程序和方法、维护保养要求、安全注意事项、日常检查和异常情况处置、相应记录等内容。

气瓶充装相关的操作规程，应当包括充装工作程序、充装控制参数、安全事项要求、异常情况处理以及记录等。充装单位至少制定并有效实施以下操作规程：

　　1）瓶内残液（残气）处理；

　　2）气瓶充装前（后）检查；

　　3）气瓶充装；

　　4）气体分析；

　　5）设备仪器。

　（4）检查、维护保养

使用单位应当按照气瓶出厂资料、维护保养说明，对气瓶进行经常性检查、维护保养。检查、维护保养一般包括以下内容：

　　1）检查规定的气瓶标志、外观涂层完好情况，定期检验有效期是否符合安全技术规范及相关标准的规定；

　　2）检查气瓶附件是否齐全、有无损坏，是否超出设计使用年限或者检验有效期；

　　3）检查气瓶是否出现变形、异常响声、明显外观损伤等情况；

　　4）检查气体压力显示是否出现异常情况；

5）使用单位认为需要进行检查的项目。

使用单位根据检查情况，采取表面涂敷、送检气瓶、更换瓶阀等方式进行气瓶的维护保养，并将维护保养情况记录到档案中。

（5）定期检验

使用单位应当在气瓶检验有效期满前一个月，向气瓶定期检验机构提出定期检验申请，并且送检气瓶。

气瓶充装单位申请自行检验已办理使用登记的自有产权气瓶的，可在充装许可申请时一并提出申请，经评审机构按照特种设备有关检验机构核准的规定进行评审，符合要求的，在充装许可证书上备注"（含定期检验）"。

（6）不合格气瓶的处理

使用单位不得使用存在严重事故隐患、经检验不合格或者应当予以报废的气瓶。对需要报废的气瓶，应当依法履行报废义务，自行或者将其送交气瓶检验机构进行消除使用功能的报废处理。

（7）事故应急预案与异常情况、隐患和事故处理

1）事故应急救援预案：充装单位应当按照有关规定制定事故应急救援预案，并且每年至少组织一次事故应急演练并记录。

2）异常情况、隐患处理：使用单位应当有效实施隐患排查治理制度。发现以下异常情况、隐患时，操作人员应当及时采取应急措施进行处理和消除隐患：

①气瓶以及受压元（部）件等出现泄漏、裂纹、变形、异常响声等缺陷；

②气体充装设备、系统的压力超过规定值，采取适当措施仍不能有效控制，以及压力测定、显示、记录装置不能正常工作；

③充装区域（场地）的易燃、易爆、毒性气体浓度超过规定值，采取适当措施仍不能有效控制；

④其他异常情况和隐患。

3）事故处理：

①发生事故时，使用单位应当立即采取应急措施，防止事故扩大；

②发生事故后，使用单位应当提供真实、可追溯的气瓶检查记录、充装记录等气瓶技术资料和文件；

③发生事故后，使用单位应当按照《特种设备事故报告和调查处理导则》TSG 03 的规定，向有关部门报告，并且协助事故调查和做好善后处理工作。

3. 定期检验

气瓶定期检验是指特种设备检验机构按照一定的时间周期，根据有关安全技术规范以及相关标准的规定，对气瓶安全状况所进行的符合性验证活动。

（1）定期检验周期

气瓶的定期检验周期如表 2.2-1 所示。

气瓶的首次定期检验日期应当从气瓶制造日期起计算。检验机构可以根据气体质量和气瓶的实际使用情况适当缩短检验周期。低温绝热气瓶检验中发现气瓶绝热性能存在问题时，使用单位应当及时将气瓶送到具有相应资质的制造单位进行维护或者修理。

气瓶定期检验周期 表 2.2-1

气瓶品种	介质、环境		检验周期（a）
钢质无缝气瓶、钢质焊接气瓶（不含液化石油气钢瓶、液化二甲醚钢瓶）、铝合金无缝气瓶	腐蚀性气体、海水等腐蚀性环境		2
	氮、六氟化硫、四氟甲烷及惰性气体		5
	纯度大于或者等于99.999%的高纯气体（气瓶内表面经防腐蚀处理且内表面粗糙度达到Ra0.4以上）	剧毒	5
		其他	8
	混合气体		按混合气体中检验周期最短的气体特性确定（微量组分除外）
	其他气体		3
液化石油气钢瓶、液化二甲醚钢瓶	民用	液化石油气、液化二甲醚	4
	车用		5
车用压缩天然气瓶	压缩天然气、氢气、空气、氧气		3
车用氢气气瓶			
气体储运用纤维缠绕气瓶			
呼吸器用复合气瓶			
低温绝热气瓶（含车用气瓶）	液氧、液氮、液氩、液化二氧化碳、液化氧化亚氮、液化天然气		3
溶解乙炔气瓶	溶解乙炔		3

（2）异常情况的检验

有下列情况之一的气瓶，应当及时进行定期检验：

1）有严重腐蚀、损伤，或者对其安全可靠性有怀疑的；

2）库存或者停用时间超过一个检验周期后投入使用的；

3）气瓶相关标准规定需要提前进行定期检验的其他情况，以及检验人员认为有必要提前检验的。

（3）气瓶报废处理

气瓶应当按照以下要求进行报废：

1）气瓶或者瓶阀使用时间超过其设计使用年限的；

2）低温绝热气瓶的绝热性能无法满足使用要求并且无法修复的。

对于超过设计使用年限仍有使用价值的气瓶，产权单位应当委托气瓶检验机构对气瓶进行安全评估，检验机构评估合格后应当给出延长后的使用年限。检验机构进行安全评估时应当进行气瓶耐压试验。对于安全评估结论为合格的气瓶，检验机构应当对其安全性能负责，并在瓶体上涂敷"安全评估合格"字样以及检验机构名称。

4. 氨瓶的安全使用与管理

（1）氨瓶的使用管理

氨瓶是灌装液氨的容器，平时处于高压之下，具有一定潜在的危险，因此必须对氨瓶加强安全管理。按照规定，氨瓶必须每三年进行一次技术检验，如果发现瓶壁有裂纹或局部腐蚀（其深度超过公称壁厚的10%），以及发现有结疤、凹陷、鼓包、伤痕和重皮等缺陷时，应禁止使用。

操作人员在启闭氨瓶阀门时，应站在阀门连接管的侧面，慢慢开启；若氨瓶的瓶阀冻结，应把氨瓶移到较暖的地方，或用洁净的温水解冻，严禁用火烘烤。瓶内气体不能用尽，必须留有剩余压力；氨瓶用过后应立即关闭瓶阀，盖好氨瓶防护罩，退还库房。

充装氨时，一般按氨瓶容积要求充装，严禁超量充装。充装氨瓶前，须有专人检查，发现下列情况之一者，不许充装：

1）漆色、字样（应是黄底黑字）与所装气体不符或字样不易识别的气瓶；

2）安全阀件不全、损坏、阀门不良，或不符合规定的气瓶；

3）不能判别装过何种气体，或钢瓶内没有余压的气瓶；

4）超过检查期限的气瓶；

5）钢印标志不全、不能识别的气瓶；

6）瓶体外观检查有缺陷，不能保证安全使用的气瓶。

（2）氨瓶的运输管理

待运输的氨瓶应装置厚度不小于 25mm 的两道防振胶圈或其他相应的防振装置，并须旋紧安全帽。在运输时要固定好氨瓶，防止振动和撞击，瓶头部必须朝向一方；车上禁止烟火，禁止坐人，并应备有防氨泄漏的用具；严禁与氧气瓶、氢气瓶等易燃易爆物品同车运输；夏季要加覆盖物，防止暴晒。搬运时宜轻装轻卸，严禁抛、滚、滑、振动或撞击。

（3）氨瓶的储存和保管

储存氨瓶的仓库与其他建筑物应保持一定距离。氨瓶库的建筑和设备必须满足下列要求：

1）仓库必须是不低于二级耐火等级的单独的单层建筑，地面至屋顶最低点的高度不小于 3.2m，屋顶应为轻型结构。

2）仓库应采用非燃烧材料砌成隔墙，仓库的门窗应向外开，地面应平整不滑。

3）仓库的温度不得高于 35℃，并应设有自然通风或机械通风装置，仓库的取暖设备必须采用水暖或汽暖，不能有明火。

4）仓库内应配有适当数量的消防用具。

已充氨的氨瓶储存在仓库内，应该旋紧瓶帽，放置整齐，妥善固定，留有通道。氨瓶立放时，应设有专用拉杆或支架，严防碰倒；卧放时，头部朝向统一，其堆放高度不应超过 5 层。瓶帽和防振胶圈等附件必须完整无缺。氨瓶严禁与氧气瓶、氢气瓶同室储存，以免引起燃烧和爆炸；仓库周围 10m 内不得存放易燃物品或进行明火作业。禁止将氨瓶储存在机器设备间内；临时存放在室外的氨瓶也要远离热源和防止暴晒。

5. 氟利昂气瓶的安全使用与管理

氟利昂制冷剂多数为低压液化气体，盛装氟利昂的气瓶属于特种设备，如果充装、管理和使用不当，极易发生事故。因此，在充装、运输、储存和使用时，必须遵守如下有关规定：

（1）钢瓶必须经过检验，以确保能承受规定的压力。外观有缺陷，不能保证安全或超过检查期限的容器，一律不准充装。充装制冷剂时，不允许超过充装系数。

（2）在运输和储存时，钢瓶应防止太阳的直射和暴晒，不得靠近热源和撞击。

（3）钢瓶上的控制阀常用帽盖或铁罩加以保护，使用后必须把卸下的帽盖或铁罩重新装上，以防在搬运过程中受撞击而损坏。

（4）当钢瓶的瓶阀冻结时，严禁用火烘烤，而应该移到较暖和的地方或用温水解冻。

（5）当钢瓶中氟利昂使用完毕时，应即刻关闭控制阀，以免漏入空气或水汽。

（6）应避免氟利昂触及皮肤，更不能触及眼睛。

（7）发现制冷剂有大量渗漏时，必须把门窗打开，否则会引起人窒息。

（8）可燃类氟利昂制冷剂，如R32，应保存在具备存放条件的甲类仓库中。

6. 氧气瓶、乙炔瓶的安全使用与管理

（1）气瓶储存场所安全管理

1）气瓶存放场所必须符合防火建筑Ⅱ级要求，且经消防部门验收合格，仓库与周边建筑物要有50m的安全距离。

2）气瓶储存场所不能和办公室或休息室设在一起，仓库距离有人建筑必须大于15m。

3）相邻库室的隔墙应是无门窗洞的防火墙，严禁任何管线穿过。

4）库房内不得有地沟、暗道和底部通风孔。

5）仓库不得设在地下室或半地下室。

6）仓库不得靠近热源和电器设备，远离明火，与明火的距离不得小于15m。

7）库房应有良好的通风、降温措施，避免暴晒，氧气库内温度不得超过30℃，乙炔库内温度不得超过40℃，存储场所应干燥，防止雨雪淋、水浸。

8）仓库内不得存放其他物品。

9）库房内不设电器装置，电灯排风必须选用防爆型，电器开关和熔断器都应设置在库房外。

10）仓库要设有避雷装置，室内不得有接地线穿过。

11）仓库上下气瓶的平台应有缓冲设施（如橡胶垫等）。

12）仓库要有完善的安全管理制度，现场要悬挂操作规程。

13）仓库内外要设置"严禁烟火"标志，气瓶区有明确区分醒目标识如"氧气危险""乙炔危险"等。

14）在储存场所的15m范围以内，禁止吸烟、从事明火和生成火花的工作，并设置相应的警示标志。

15）仓库内必须配有干粉或二氧化碳灭火器，严禁使用四氯化碳灭火器。

16）严禁乙炔气瓶与氧气瓶及易燃物品同室储存。

（2）气瓶堆放安全管理

1）氧气瓶可卧放，乙炔瓶严禁卧放。

2）气瓶用栏杆或支架加以固定或扎牢，防止倾倒或滚动，禁止利用气瓶的瓶阀或头部来固定气瓶，同时应保护气瓶的底部免受腐蚀。

3）气瓶（包括空瓶）存储时应将瓶阀关闭，卸下减压器，戴上并旋紧气瓶帽。

4）气瓶整齐排放，头部要朝同一方向。

5）气瓶堆叠高度不超过3层，竖放一堆不超过9瓶。

6）禁止将气瓶放置在可能导电的地方。

7）空瓶和满瓶必须要清晰地在瓶体上标明，并且空满瓶要分开存放，以免混淆。

8）乙炔存放场所严禁与氯气、氧气及易燃物品一同存放。

9）乙炔瓶严禁放在橡胶等绝缘体上。

10）盛装容易发生聚合反应或分解反应气体的气瓶，如乙炔气瓶，必须规定存储期限（一般为三年）。

11）单个单位内乙炔气的储存量不能超过 $240m^3$（相当 40 瓶）。

（3）气瓶运输安全管理

1）气瓶移动前，要检查气瓶两个防振圈应齐全，瓶帽应紧牢，安全附件齐全有效。

2）气瓶要轻起轻放，严禁碰撞、抛掷、滚滑，防止撞击、跌落，禁止用电磁机械装卸气瓶。

3）瓶阀不得对准人。

4）氧气瓶不得用沾有油污的车辆运输，人员不得穿沾有油污的衣服、手套装卸气瓶，气瓶沾有油污可用四氯化碳揩拭干净。

5）不得用同一车辆运送氧气、乙炔瓶，如作业中需乙炔瓶和氧气瓶放在同一小车上搬运，必须用非燃材料隔板隔开。

6）禁止用不稳定车辆如自行车、吊车运送气瓶。

2.2.3　库房管理

1）负责制冷剂储存保管的工作人员、负责充注制冷剂的作业人员，应知晓所使用制冷剂的可燃属性。常见的可燃制冷剂包括：R32、R142b、R600a、R290、R406 等；常见的不可燃制冷剂包括：R22、R134a、R404A、R407C、R410A、R507 等。

2）R22、R32、R142b、R600a、R290 为法定危险化学品，对储运、运输条件有明确法定要求。作业现场或仓库内，不建议存放可燃类制冷剂，按加注时间节点配送到货为宜。不可燃类制冷剂应避免超量存放。尽可能使用危险品车辆运输，以规避管理风险，特殊情况需使用普通车辆携带制冷剂时，以 30LB（13.6kg）小包装为例，建议不超过 3 瓶。需要注意的是，钢制焊接气瓶包装的制冷剂必须使用危险品车辆运输。

3）大多数氟利昂类制冷剂为低压液化气体，储存场所应注意阴凉通风，具备条件时，可安装可燃气体报警仪。

4）应定期对存储场所的用电设备、通风设备、气瓶搬运工具和栅栏、防火和防毒器具进行检查，发现问题及时处理。

5）经常注意储存点空气中可燃性气体的浓度，如果浓度超标，应强制换气或通风，并查明危险气体浓度超标的原因，采取整改措施。

6）夏季，应定期测量存储场所的温度和湿度，并做好记录。氧气存储场所最高允许温度 30℃，乙炔存储场所最高允许温度 40℃，储存场所的相对湿度应控制在 80% 以下，高温天气可采取洒水降温措施，洒水时水不能溅到瓶体。

7）保证每个气瓶瓶帽齐全，安全附件齐全。

8）保证气瓶（包括空瓶）阀门紧闭，定期用肥皂水检测是否漏气。

2.2.4　氨的储运充装及其安全

1. 氨的贮存

氨一般贮存在大型容器中，在运输中贮存在槽车或钢瓶内，使用时贮存在容器和管道内。

（1）常见的几种液氨贮存方法

1）常压贮存。压力 100～500mmH₂O（1mmH₂O＝9.8Pa），温度−33℃以下，一般罐体体积很大，大多在 1000m³ 以上。为了维持罐体压力和温度要配有一套冷冻冰机系统，同时回收其蒸发的气氨。因在送氨时需要液氨泵加压，故造价高，一般为大型化工厂使用。

2）带压贮存。温度在 10℃以上，罐体体积小，有球体和筒体，其造价低，也可当中间罐用。

注：液氨贮罐间的防火间距按液化烃要求，一旦泄漏要用大量水稀释。

（2）中毒机理

氨在人体组织内遇水生成氨水，可以溶解组织蛋白质，与脂肪起皂化作用。氨水能破坏人体内多种酶的活性，影响组织代谢。氨对中枢神经系统具有强烈刺激作用。

1）氨具有强烈的刺激性。吸入高浓度氨气，可以兴奋中枢神经系统，引起惊厥、抽搐、嗜睡和昏迷；吸入极高浓度的氨可以反射性引起心搏骤停、呼吸停止。

2）氨系碱性物质，氨水具有极强的腐蚀作用。碱性物质烧伤比酸性物质烧伤更严重，因为碱性物质的穿透性较强，氨水烧伤皮肤的创面深、易感染、难愈合，与 2 度烫伤相似。

3）氨气吸入呼吸道内遇水生成氨水，氨水会透过黏膜、肺泡上皮侵入黏膜下、肺间质和毛细血管，引起以下症状：

①声带痉挛，喉头水肿，组织坏死。坏死物脱落可引起窒息；损伤的黏膜易继发感染。

②气管、支气管黏膜损伤、水肿、出血、痉挛等，影响支气管的通气功能。

③肺泡上皮细胞、肺间质、肺毛细血管内皮细胞受损坏，通透性增强，肺间质水肿；氨刺激交感神经兴奋，使淋巴总管痉挛，淋巴回流受阻，肺毛细血管压力增加；氨破坏肺泡表面活性物质。上述作用最终导致肺水肿。

④黏膜水肿、炎症分泌增多，肺水肿、肺泡表面活性物质减少，气管及支气管管腔狭窄等因素严重影响肺的通气、换气功能，造成全身缺氧。

（3）贮存要求及注意事项

氨应贮存于阴凉、干燥、通风良好的仓间。远离火种、热源；防止阳光直射；应与卤素（氟、氯、溴）、酸类等分开存放。罐贮时，要有防火防爆技术措施，并配备相应品种和数量的消防器材。禁止使用易产生火花的机械设备和工具。验收时，要注意品名，槽车运输时要罐装适量，不可超压超量运输，运输时按规定路线行驶。气瓶装在车上，应妥善固定。横放时，头部应朝向一方，垛高不得超过车厢高度，且不超过 5 层；立放时，车厢高度应在瓶高的 2/3 以上；运输工具上应具备灭火器材。夏季运输应有遮阳设施，避免暴晒。城市的繁华市区应避免白天运输；运输气瓶的车不得在繁华市区、重要机关附近停靠。在其他地区停靠时，驾驶员与押运人员不得同时离开。为及时消除汽车行驶时产生的静电，可采用导电橡胶拖地带接于槽车上。

（1）场所要求

1）液氨场所：液氨储罐区、钢瓶贮存区、装卸区和用氨厂房。

2）液氨储罐区：由一个或若干个储存液氨的储罐组成的相对独立区域。

3）液氨钢瓶储存区：贮存若干个液氨钢瓶的相对独立区域，包括液氨钢瓶贮存仓库和棚库。

4）用氨厂房：在工艺或系统中使用液氨及贮存液氨的车间、设施。

（2）一般要求

1）选址与布局

①液氨场所宜位于企业全年最小频率风向的上风侧，同时应考虑在事故情况下，因风向不利对厂外人口密集区域、公共设施、道路交通干线的影响。液氨场所宜布置在厂区边缘地带，与人口密集区域应保持足够的安全距离。

②液氨场所应与生活区、办公区分开布置，并应有良好的自然通风条件。

③液氨场所建筑物的耐火等级不应低于二级，与其他建筑物的防火间距应符合现行国家标准《建筑设计防火规范》GB 50016 的有关规定。

④用氨厂房的安全疏散应符合现行国家标准《建筑设计防火规范》GB 50016 的有关规定，其安全出口不应被锁闭或阻塞。

⑤企业应设置风向标，其位置应设在企业职工和附近居民容易看到的高处。

2）建（构）筑物

①液氨场所的控制室、变配电室及用氨厂房的门应采用平开门并向外开启。用氨厂房与变配电室和控制室之间不应连通，若必须连通时，应设置火灾时能自动关闭的甲级防火门。

②控制室或值班室应与液氨场所隔开，其隔墙应为防火墙；隔墙上不宜开窗，若必须开窗时，该窗应为固定密封窗；控制室或值班室应设置朝向安全场所的出口，且应保证 24h 有人值守。

③变配电室与液氨场所贴邻共用的隔墙应为防火墙，该墙上只允许穿过敷设电气线路的沟道、电缆或钢管，穿过部位周围应采用不燃烧材料严密封塞。变配电室应设置直通室外的安全出口。

④液氨场所建筑物、构筑物的防雷分类及防雷措施应符合现行国家标准《建筑物防雷设计规范》GB 50057 的有关规定。

⑤控制室、值班室、变配电室、备用电源室、制冷机房应设置应急照明，应急照明持续时间不应小于 30min。

3）设备设施

①液氨容器法兰和管道法兰的垫片材料应根据法兰形式，分别选用中压橡胶石棉板或"石墨＋金属骨架"等材料。

②氨管道穿过建筑物的墙体、楼板、屋面时应加套管，套管与管道间的空隙应密封，但制冷压缩机的排气管道与套管间的空隙不应密封。

③与液氨接触的部件不应选用铜或铜合金材料及镀锌或镀锡的零配件。

④液氨槽车充装应采用万向充装管道系统。充装场所应为液氨车辆配备导除静电装置。充装量应经称重并记录，记录应保存两年以上。使用液氨钢瓶向系统充注液氨时，其耐压、密闭措施应符合要求。

⑤跨越厂区道路的管道，在其跨越段上不得装设阀门、金属波纹管补偿器和法兰、螺

纹接头等管道组成件，其路面距管道的净空高度不应小于 5.0m。冷库制冷管道的净空高度应符合现行国家标准《冷库设计规范》GB 50072 的规定。

⑥液氨场所的照明灯具、事故排风机及其他防爆电气选型应符合现行国家标准《爆炸危险环境电力装置设计规范》GB 50058 的有关规定。冷库液氨场所的防爆电气选型应符合现行国家标准《冷库设计规范》GB 50072、《冷库安全规程》GB 28009 的有关规定。

⑦液氨场所的电气线路宜在较低处采用全塑电缆明敷，或在高处采用电缆梯架敷设方式；当采用电缆沟方式敷设时，沟内应充砂。

⑧液氨场所的涉氨设备或装置的报废、拆除工作应符合国家的有关规定。

4）安全标志、消防及事故收容处置

①液氨场所应设置明显的安全标志与危险危害告知牌。安全标志的设置与使用应符合现行国家标准《安全标志及其使用导则》GB 2894 的有关规定；危险危害告知牌应载明液氨特性、危害防护措施、紧急情况下的处置办法、报警电话等内容。

②氨设备和管道的刷漆颜色应符合现行国家标准《工业管道的基本识别色、识别符号和安全标识》GB 7231 的规定，并应对管内介质及流向做出明显标志。制冷设备和管道的刷漆颜色应符合现行国家标准《冷库设计规范》GB 50072 的规定。

③液氨场所外部应设置消火栓，并配备移动式喷雾水枪。

④液氨储罐区应设置消防车道，构成危险化学品重大危险源的液氨储罐区宜设置环形消防车道，消防车道的路面宽度不应小于 4m。

⑤液氨场所灭火器的配置应符合现行国家标准《建筑灭火器配置设计规范》GB 50140 的有关规定。

⑥企业应采取措施确保事故状态下泄漏的液氨和消防废水的有效收集与贮存，事故贮存设施包括事故应急池、备用输转罐、罐区围堤或装置围堰等。

5）危险化学品重大危险源辨识、评估与监控

①企业应按照现行国家标准《危险化学品重大危险源辨识》GB 18218 对液氨使用与贮存装置、设施或者场所进行危险化学品重大危险源辨识，并记录辨识过程与结果。

②构成危险化学品重大危险源的液氨使用与贮存装置、设施或者场所的安全评估、登记建档、备案、核销及其监督管理应符合安全生产监督管理部门关于危险化学品重大危险源的相关规定。

③构成一级或者二级危险化学品重大危险源，且液氨实际存在（在线）量与其在现行国家标准《危险化学品重大危险源辨识》GB 18218 规定的临界量比值之和大于或等于 1 的，应当委托具有相应资质的安全评价机构，按照有关标准的规定采用定量风险评价方法进行安全评估，确定个人和社会风险值。

④液氨储罐区、液氨钢瓶储存区宜进行安全监控；构成危险化学品重大危险源的液氨储罐区、液氨钢瓶贮存区应进行安全监控。安全监控主要参数包括液位、温度、压力、流量、氨气体浓度等；安全监控装备应符合现行行业标准《危险化学品重大危险源　安全监控通用技术规范》AQ 3035、《危险化学品重大危险源 罐区现场安全监控装备设置规范》AQ 3036 的规定。

（3）使用安全要求

1）液氨场所应远离火源；用氨厂房内严禁用明火取暖，其安全出口不宜少于两个。

2）封闭的液氨场所应设置通风设施，通风换气次数不应小于 $3h^{-1}$。制冷机房应设置事故排风装置，事故排风量应按 $183m^3/(m^2 \cdot h)$ 进行计算确定，且事故排风机必须选用防爆型，排风口应位于侧墙高处或屋顶。

3）液氨场所外部便于操作的位置，应设置切断氨压缩机电源和氨泵电源的事故总开关。

4）氨系统宜装设紧急泄氨器，紧急泄氨器设计应符合现行行业标准《氨制冷装置用辅助设备　第 12 部分：紧急泄氨器》JB/T 7658.12 的有关规定。紧急泄氨器的排放口应引至事故收集设施中。

5）冷凝器、贮液器、排液器、低压循环桶、蒸发器、循环机出口、中间冷却器、气氨总管等设备，均应安装安全阀，并确保安全阀达到设定压力值时，能自动开启。

6）氨系统的安全阀应设置泄压管，泄压管的出气管口严禁设在室内，宜通入回收系统。泄压管应采取防止雷击、防止雨水和杂物落入管内的措施。冷库氨系统的安全总泄压管应符合现行国家标准《冷库设计规范》GB 50072 的有关规定。

7）人员较多房间的空调系统严禁采用氨直接蒸发制冷系统。

8）氨系统的管道应采用符合现行国家标准《输送液体用无缝钢管》GB/T 8163 中有关无缝钢管的规定，其设计压力应根据系统情况确定。

9）在控制室的控制柜上和设有事故排风机的建筑物的外墙上，应安装事故排风机人工启停控制按钮。

10）事故排风机应有备用电源。

11）液氨场所应为涉及氨的设备设置操作、检修的安全通道。

12）气液分离器、低压循环桶、低压贮液器、中间冷却器和满液式经济器应设置液位指示器和超高超低液位控制、报警装置，报警信号应引至控制室。

13）液氨钢瓶的计量器具的最大称量值应为钢瓶实重（包括自重与装液质量）的 1.5～3.0 倍，计量器具应设有质量低限报警或自动切断液氨装置。

（4）贮存安全要求

1）液氨储罐的贮存安全要求

①液氨储罐的贮存系数不应大于 0.85。

②液氨储罐必须设防雷接地，且不得少于两处。

③液氨储罐进出口管线均应设置双切断阀。构成危险化学品重大危险源的液氨储罐的出口管线的一只切断阀应为具有远程控制功能的紧急切断阀。

④液氨储罐应设液位计、压力表和安全阀等安全附件，且应定期校验；低温液氨储罐应设温度指示仪。压力表量程应不小于最大工作压力的 1.5 倍，不大于最大工作压力的 3 倍。安全阀每年应由具备相应资质的检验部门校验并铅封。安全阀每开启一次，应重新校正。

⑤室外液氨储罐应设置防止阳光直射的罩棚，采用绝热材料进行外保温或水冷却系统的液氨储罐除外。

⑥液氨储罐应在顶部设置氨稀释喷淋装置或水喷淋系统；室外液氨储罐区外部应设置消火栓，并配备移动式喷雾水枪；喷淋与水雾喷射范围应能满足覆盖所有可能漏氨的部位，特别是管道安装设置在闭合的防火堤时。堤内应做硬化处理，且堤内有效容量不应小于其中最大储罐的容量；全冷冻式液氨储罐防火堤的堤内有效容积应不小于一个最大储罐

容积的 60%。液氨储罐的防火间距应符合现行国家标准《建筑设计防火规范》GB 50016 的有关规定。

⑦防火堤应在不同方位设置不少于两处的踏步或出入口，其入口应设人体导除静电装置。

⑧液氨储罐区的检维修作业应符合现行行业标准《危险化学品储罐区作业安全通则》AQ 3018 的有关规定。

2）液氨钢瓶的贮存安全要求

①钢瓶应配备完好的瓶帽、防振圈等附件，钢瓶立式放置时应采取防止钢瓶倾倒的措施。搬运时应轻装轻卸，严禁抛、滚、滑、碰。

②钢瓶应存放于阴凉、通风、干燥的库房或有棚的平台上；露天存放时，应以罩棚遮盖；钢瓶应按实瓶区、空瓶区分别布置并有明显标志，不得与禁忌物料混合贮存。钢瓶贮存区内不应设置值班室、休息室，并不应贴邻建造。

③钢瓶贮存（重瓶）区宜设置固定消防水喷淋系统；钢瓶贮存区外部应设置消火栓，并配备移动式喷雾水枪；喷淋与水雾喷射范围应能覆盖所有可能漏氨的钢瓶。

④钢瓶贮存区宜设置事故吸收水池。

（5）监控系统要求

1）报警仪的要求

①液氨储罐区和液氨输送泵区、钢瓶贮存（重瓶）区、钢瓶使用区、用氨厂房应设置固定式氨气体浓度检测报警仪；氨气体浓度检测报警仪的设置位置和数量应符合现行国家标准《石油化工可燃气体和有毒气体检测报警设计标准》GB 50493 的有关规定。

②氨气体浓度检测报警仪应安装在可能存在泄漏释放源的上方，安装高度应高出释放源 0.5～2m。检测点与泄漏释放源距离不应大于 2m。

③液氨场所的氨气体浓度检测报警仪应与相应的事故排风机连锁。

④氨气体浓度检测报警仪应委托有资质的检验机构定期检验，并符合现行行业标准《氨气检测报警仪技术规范》AQ/T 3044 的规定。

⑤氨气体浓度检测报警仪应配备不间断电源（UPS）。

2）视频监控的要求

①液氨钢瓶贮存区、液氨储罐区、液氨充装场所和大中型冷库应设置视频监控系统。视频监控系统覆盖范围应符合有关规定。

②构成危险化学品重大危险源的，视频监控画面应可以动态配置，可选择全屏、4 分屏及 16 分屏等多种方式，支持图像窗口拖放，可远程进行云台及镜头控制。系统应具有中文显示与打印功能。

③视频监控系统应配备不间断电源（UPS）。

3）信号传输的要求

①氨气体浓度检测报警与视频监控报警信号应传输至企业的控制室。液氨危险化学品重大危险源的安全监控信号应满足异地调用需要。

②构成危险化学品重大危险源的区域应配备温度、压力、液位、流量、组分等信息的不间断采集和监测系统及氨气体浓度检测报警仪，并具有信息远传、连续记录、事故预警、信息存储等功能。

③构成一级或者二级危险化学品重大危险源的，应配备独立的安全仪表系统（SIS），并应具备紧急停车功能。记录的电子数据的保存时间应不小于 30d。报警信息应保存一年以上。

（6）安全管理要求

1）企业的主要负责人、安全生产管理人员应当由有关主管部门对其安全生产知识和管理能力考核合格后方可任职。

2）特种作业人员应取得特种作业操作证，方可上岗作业；企业从业人员应当接受安全培训，未经安全培训合格的从业人员，不得上岗作业。

3）企业应建立健全安全生产责任制，制定安全生产规章制度和相关操作规程。

4）企业应制订液氨事故应急预案，预案的编制应符合现行国家标准《生产经营单位生产安全事故应急预案编制导则》GB/T 29639 的有关规定，并应定期演练。

5）企业应按国家有关规定，做好现场职业危害因素检测及员工职业健康体检等相关工作。

6）企业应按国家有关规定要求，开展安全生产标准化工作。

（7）个体防护及应急物品要求

1）企业应为从业人员提供符合国家标准或者行业标准的劳动防护用品。

2）液氨场所应配备过滤式防毒面具（配氨气专用滤毒罐）、长管式防毒面具、正压式空气呼吸器、重型防护服、橡胶手套、胶靴、化学安全防护眼镜，其中长管式防毒面具、正压式空气呼吸器、重型防护服至少配备两套，其他防护器具应满足岗位人员一人一具。

3）防护器具应存放在安全、便于取用的地方，并有专人负责保管，定期校验和维护。

4）液氨场所的控制室或值班室应配备应急通信器材，宜配备便携式氨气体浓度检测报警仪。

5）液氨场所应至少配备堵漏工具。工具的数量和规格应根据实际情况确定。

2. 氨的运输

氨在运输过程中一般用槽车或气瓶罐装，槽车或气瓶由于天气或交通等原因可能发生事故，并对人民的生命财产带来极大的损失。因此，在运输过程中必须保证槽车或气瓶的安全。

槽车运输时要灌装适量，不可超压超量运输。运输时，按规定路线行驶。运输工具上应备有灭火器材。夏季，车辆应停靠有遮阳设施或大树下，避免暴晒；驾驶员与押运人员不得同时离开。

罐车驾驶员应经常对装卸液相软管、紧急切断装置、附件（安全阀、压力表、温度计、液位计等）进行检查是否合格。汽车罐车随车必带的文件和资料包括：液化气体罐车使用证、机动车驾驶执照和汽车罐车准驾证、押运员证、准运证、汽车罐车定期检验报告复印件、液面计指示刻度与容积的对应关系表、液氨出厂化验单等。汽车罐车必须配置防火帽、阻火器、呼吸阀，应配备导除静电装置，罐体内应配置防波挡板，以减少液体振荡产生的静电。

2.2.5　压力容器、压力管道的使用管理和维护要求

1. 压力容器使用管理和维护要求

压力容器的使用管理人有义务遵循《固定式压力容器安全技术监察规程》TSG 21—2016；

《压力容器定期检验规则》TSG R7001—2013 等规程的要求，对压力容器进行使用安全管理。具体管理义务包括：使用单位应当按照规定在压力容器投入使用前或者投入使用后 30 日内，向所在地负责特种设备使用登记的部门（以下简称使用登记机关）申请办理《特种设备使用登记证》。

（1）编写操作规程，主要包括操作工艺参数（含工作压力、最高或者最低工作温度）；岗位操作方法（含开、停车的操作程序和注意事项）；运行中重点检查的项目和部位，运行中可能出现的异常现象和防止措施，以及紧急情况的处置和报告程序。

（2）经常性维护保养。使用单位应当建立压力容器装置巡检制度，并且对压力容器本体及其安全附件、装卸附件、安全保护装置、测量调控装置、附属仪器仪表进行经常性维护保养。

（3）定期自行检查。压力容器的自行检查，包括月度检查、年度检查。每月至少 1 次月检，每年至少 1 次年检。可自行完成，也可委托第三方。

（4）定期检验。在用压力容器的安全状况分为 1～5 级；金属压力容器一般于投用后 3 年内进行首次定期检验。安全状况等级为 1、2 级的，一般每 6 年检验一次；安全状况等级为 3 级的，一般每 3～6 年检验一次；安全状况等级为 4 级的，监控使用，其检验周期由检验机构确定，累计监控使用时间不得超过 3 年，在监控使用期间，使用单位应当采取有效的监控措施；安全状况等级为 5 级时，应当对缺陷进行处理，否则不得继续使用。

使用单位应当在压力容器定期检验有效期届满的 1 个月以前，向特种设备检验机构提出定期检验申请，并且做好定期检验相关的准备工作。

（5）安全附件及仪表检查，主要包括安全阀、爆破片、压力表、温度计、液位计。一般每年至少校验一次。

2. 小型制冷装置中压力容器定期检验专项要求

对于以氨为制冷剂，单台贮氨器容积不大于 5m³ 并且总容积不大于 10m³ 的小型制冷装置中压力容器的定期检验。采用其他制冷剂的小型制冷装置中，压力容器定期检验，应当考虑制冷剂的特性，参照本专项要求执行。

小型制冷装置中压力容器主要包括冷凝器、储氨器、低压循环储氨器、液氨分离器、中间冷却器、集油器、油分离器等。

（1）检验前的准备工作

使用单位还应当提交液氨充装时间及液氨成分检验记录，进行现场环境氨浓度检测，确保现场环境氨浓度不得超过国家相应标准允许值。

（2）检验项目和方法

小型制冷装置中压力容器的定期检验可以在系统不停机的状态下进行。检验项目包括资料审查、宏观检验、液氨成分检验、壁厚测定、高压侧压力容器的外表面无损检测。必要时还应当进行低压侧压力容器的外表面无损检测、声发射检测、埋藏缺陷检测、材料分析、强度校核、安全附件检验、耐压试验等检验项目。

1）宏观检验：首次全面检验时应当检验压力容器结构（如筒体与封头连接、开孔部位及补强、焊缝布置等）是否符合相关要求，以后的检验仅对运行中可能发生变化的内容进行复查；

检验铭牌、标志等是否符合有关规定；

检验隔热层是否有破损、脱落、跑冷等现象，表面油漆是否完好；

检验高压侧压力容器外表是否有裂纹、腐蚀、变形、机械接触损伤等缺陷；

用酚酞试纸检测工作状态下压力容器的焊缝、接管等各连接处是否存在渗漏；

必要时在停水状态下对冷凝器管板与换热管的角接接头部位进行腐蚀、渗漏检验；

检验紧固件是否齐全、牢固，表面锈蚀程度；

检验支承或者支座的下沉、倾斜、基础开裂情况。

2）液氨成分检验：审查使用单位的液氨成分检验记录是否符合现行行业标准《制冷装置用压力容器》NB/T 47012 的要求。

3）壁厚测定：选择有代表性的部位进行壁厚测定，并且保证足够的测点数。

4）无损检测：高压侧压力容器应当进行外表面无损检测抽查，对应力集中部位、变形部位、有怀疑的焊接接头、补焊区、工卡具焊迹、电弧损伤处和易产生裂纹部位应当重点检测。

低压侧压力容器有下列情况之一的，应当进行声发射检测或者外表面无损检测抽查：使用达到设计使用年限的；液氨成分分析不符合现行行业标准《制冷装置用压力容器》NB/T 47012 要求的；宏观检验有异常情况，检验人员认为有必要的。

5）超声检测：有下列情况之一的，应当采用超声检测方法进行埋藏缺陷检测，必要时进行开罐检测：

①宏观检验或者表面无损检测发现有缺陷的压力容器，认为需要进行焊缝埋藏缺陷检测的；

②高压侧压力容器的液氨成分分析不符合现行行业标准《制冷装置用压力容器》NB/T 47012 要求的；

③需要对声发射源进后复验的。

6）强度校核：有下列情况之一的，应当进行强度校核：均匀腐蚀深度超过腐蚀裕量的；检验人员对强度有怀疑的。

7）安全附件检验：安全附件检验按照《固定式压力容器安全技术监察规程》TSG 21-2016 8.3.12 规定进行。

8）耐压试验：需要进行耐压试验的，按照《固定式压力容器安全技术监察规程》TSG 21-2016 8.3.13 规定进行。

（3）检验周期

1）安全状况等级为 1～3 级的，检验结论为符合要求，可以继续使用，一般每 3 年进行一次定期检验；

2）安全状况等级为 4 级的，检验结论为基本符合要求，应当监控使用，其检验周期由检验机构确定，累计监控使用时间不得超过 3 年，在监控使用期满前，使用单位应当对缺陷进行处理，否则不得继续使用；

3）安全状况等级为 5 级的，检验结论为不符合要求，应当对缺陷进行处理，否则不得继续使用。

3. 压力管道的使用管理和维护要求

（1）压力管道的认定标准

压力管道是指利用一定的压力，用于输送气体或者液体的管状设备，其范围规定为最高工作压力大于或者等于0.1MPa（表压），介质为气体、液化气体、蒸汽或者可燃、易爆、有毒、有腐蚀性、最高工作温度高于或等于标准沸点的液体，且公称直径大于或等于50mm的管道。公称直径小于150mm，且其最高工作压力小于1.6MPa（表压）的输送无毒、不可燃、无腐蚀性气体的管道和设备本体所属管道除外。其中，石油天然气管道的安全监督管理还应按照《中华人民共和国安全生产法》《中华人民共和国石油天然气管道保护法》等法律法规实施。

根据以上定义可知：

1）公称直径小于50mm的管道，不论介质、压力、温度如何，均不属于压力管道；

2）介质为无毒、不可燃、无腐蚀性且最高工作温度低于标准沸点的液体管道均不属于压力管道（工程中常见介质：循环水、生活水、低温脱盐水等）。

3）公称直径大于或等于50mm，但小于150mm，且其最高工作压力小于1.6MPa的输送无毒、不可燃、无腐蚀性气体的管道不属于压力管道（工程中常见介质为：低压蒸汽、仪表风、工业风、低压氮气等）。公称直径大于或等于150mm或最高工作压力大于或等于1.6MPa的上述介质管道属于压力管道。

4）设备本体管道属于设备管理范畴，不属于压力管道。

（2）压力管道的使用

1）使用单位是压力管道安全管理的责任人。

2）使用单位的管理层至少应当配备一名人员负责压力管道安全管理工作。

3）管道使用单位应当建立管道安全技术档案并且妥善保管。

4）管道使用单位应当明确压力管道的安全操作要求。

5）应当编写应急预案。

6）应当建立定期自行检查制度，检查后应当做出书面记录。

（3）压力管道的改造

管道改造应当由管道设计单位和安装单位进行设计和施工。安装单位应当在施工前将拟进行改造的情况书面告知使用登记机关后，方可施工。

（4）压力管道的维保

1）使用单位应当对管道进行经常性维护保养，并且做出记录，存入管道技术档案。

2）管道的维修分为一般维修和重大维修。重大维修是指对管道不可机械拆卸部分受压元件的维修，以及采用焊接方法更换管段及阀门、管子矫形、受压元件挖补与焊补、带压密封堵漏等。重大维修外的其他维修为一般维修。使用单位和安装单位在施工前应当制订重大维修方案，安装单位应当在施工前，将拟进行的维修情况书面告知管道使用登记机关。

3）管道内部有压力时，一般不得对受压元件进行重大维修。紧急情况下需要采用带压密封堵漏作业。

（5）定期检验

1）管道定期检验分为在线检验和全面检验。在线检验是在运行条件下对在用管道进行的检验，在线检验每年至少1次（也可称为年度检验）；全面检验是按一定的检验周期在管道停车期间进行的较为全面的检验。

GC1、GC2级压力管道的全面检验周期按照以下原则之一确定：

①新投用的 GC1、GC2 级的（首次检验周期一般不超过 3 年）；

②检验周期一般不超过 6 年；

③按照基于风险检验（RBI）的结果确定的检验周期，一般不超过 9 年。

2）在线检验工作由使用单位进行，从事在线检验的人员应当取得《特种设备作业人员证》，在线检验主要检验管道在运行条件下是否有影响安全的异常情况，一般以外观检查和安全保护装置检查为主，必要时进行壁厚测定和电阻值测量。

3）全面检验工作由国家质检总局核准的具有压力管道检验资格的检验机构进行。全面检验一般进行外观检查、壁厚测定、耐压试验和泄漏试验，并且根据管道的具体情况，采取无损检测、理化检验、应力分析、强度校验、电阻值测量等方法。

（6）安全附件

安全附件包括：安全阀、爆破片装置、阻火器、紧急切断装置等安全保护装置以及附属仪器。

安全保护装置实行定期检验制度。

第 3 章　氨制冷系统良好操作[1]

3.1　氨系统冷冻冷藏设备基本操作

3.1.1　氨冷冻冷藏系统安全操作要点

图 3.1-1 所示是采用重力供液的氨冷库制冷系统原理图，该系统是一个带经济器的螺杆式压缩制冷循环。

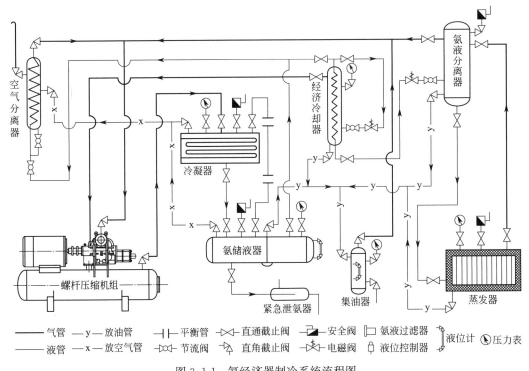

图 3.1-1　氨经济器制冷系统流程图

（1）做好设备、设施的维护保养。加强对液氨储罐、钢瓶、管道、仪表阀门和安全装置等设备设施的维护保养，实行定期检修，杜绝带病运行，使其满足安全生产需要。液氨储罐、钢瓶等压力容器、压力管道、安全阀、压力表、温度计等，必须经质监部门检验合格，方可投入运行。确定报废的，要坚决停止使用；列为监控运行的，要制

---

❶　本章中的压力，如不特殊说明，均是指表压。

定监控运行管理制度，降低运行压力，缩短巡检时间，加强检查、检验及监控，严防事故发生。

（2）严格开、停车和生产交接环节安全管理。制定完善的开、停车和生产交接环节安全工作制度，并严格执行。在大修特别是在长期停车后的开车前，要做好三项工作：一是要制定严密的开车方案，对开车工作进行细致的安排和精心的准备，避免匆忙开车；二是要加强开车前的安全教育。通过教育收拢思想，使职工立即进入工作状态，同时使职工进一步熟悉掌握本岗位的工艺流程、操作规程和开车方案，保证开车的顺利进行；三是做好开车前的安全检查，在开车前必须组织有关人员对涉及安全生产的事项进行检查，整改隐患或问题，并落实责任，实行开车签字负责制，确保开车安全。

（3）加强液氨安全管理知识培训。将液氨安全管理知识培训作为企业日常和"三级"安全教育的主要内容。通过教育培训，使企业各级干部职工熟悉液氨的危险特性，掌握液氨的安全生产特点和防控救援知识。液氨制冷操作人员要按国家有关规定，做到持证上岗。

（4）建立、完善设备设施检修安全管理制度。根据现行行业标准《生产区域动火作业安全规范》HG 30010、《生产区域受限空间作业安全规范》HG 30011、《生产区域设备检修作业安全规范》HG 30017 等，制定严格的设备设施检修安全管理制度和安全作业证制度，加强对带气、动火和设备内作业等检修作业的安全管理。企业在大修、检修作业前，要制定大修或检修工作方案，加强安全管理，确保作业安全。

（5）做好事故应急救援准备。制定完善的事故应急救援预案，成立应急抢险救援队伍，配备应急抢险救援器材，并进行经常性的事故应急救援演练。同时，液氨使用环节的各岗位，有针对性地制定应急处置预案，并强化培训，使有关人员熟练掌握报警、防护、疏散、急救、现场堵漏处理等操作要领，确保一旦发生事故能够迅速有效处置，将事故损失降低到最低限度。

3.1.2 活塞式制冷压缩机的操作[1]

1. 氨活塞式制冷压缩机开机前的准备

（1）查看车间运行记录，了解压缩机前次停机的原因。

（2）检查制冷压缩机的运转部位有无障碍物，各压力表阀是否开启，控制仪器保护装置是否良好。检查冷却水套供水是否畅通。

（3）检查曲轴箱的油面，单视孔油面不得低于视孔的 1/2，双视孔油面不得超过上视孔的 1/2，不得低于下视孔的 2/3。曲轴箱压力不得大于 0.2MPa，否则应降压处理。

（4）检查能量调节器的手柄，应在"0"位或缸数最小一档；油三通阀的指示位置应在"运转"或"工作"的位置上。

（5）压缩机的排气阀、调节站的节流阀、热氨融霜阀、放油阀、放空气阀等应关闭，油分离器、冷凝器、高压储液器等管路上的截止阀和安全阀前的截止阀、压力表阀等均应开启。压缩机的吸气阀、各低压设备的放油阀、加压阀、融霜排液阀等均应关闭；液体调节站的供液阀和气体调节站的回气阀应根据需要进行开关；低压设备的压力表阀和安全阀

---

[1] 第 3.1.2～3.1.5 节中各设备的操作步骤主要根据邢振禧主编的《冷库运行管理与维修》整理。

前的截止阀等均应开启。

（6）高压贮液桶的液面应保持在容量的 30%～80% 之间，低压循环桶的液面应保持在容量的 20%～50% 之间。

（7）双级压缩时，中间冷却器的液位应保持 50% 左右，压力不得超过 0.4MPa。

（8）检查氨泵、水泵、风机等其他设备，均应处于工作前的准备状态。

（9）启动水泵，向冷凝器、气缸盖冷却水套及曲轴箱油冷却器供水；向制冷压缩机的电控柜供电。

2. 氨活塞式制冷压缩机的开机操作

（1）氨活塞式单级压缩机开机操作

单级压缩制冷系统如图 3.1-2 所示。氨活塞式单级压缩机开机操作步骤为：

1）启动冷却塔风机，启动水泵向冷凝器供水。

2）转动油过滤器手柄数圈，盘动联轴器 2～3 圈。

3）接通电源，开启排气阀，启动压缩机。观察调整油压，使油压比吸气压力高 0.15～0.3MPa。

4）当压缩机进入正常运转后，缓慢开启吸气阀，注意电流、吸排气温度、吸排气压力以及机器运转声音是否正常。

5）将能量调节装置手柄拨至最少缸数位置，然后每隔 2～3min 拨高一挡，并相应将吸气阀开大一些，逐步调整气缸上载。

6）填好开车运行记录。

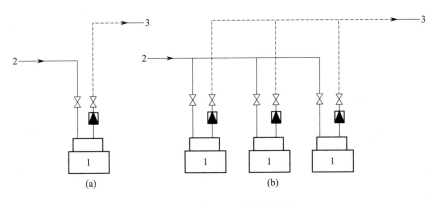

图 3.1-2　单级压缩制冷系统

（a）一台压缩机系统；（b）多台压缩机系统

1—制冷压缩机；2—接蒸发器；3—接冷凝器

（2）氨活塞式配组双级压缩机的开机操作

配组双级压缩制冷系统如图 3.1-3 所示。氨活塞式配组双级压缩机的开机操作步骤为：

1）启动高压级压缩机，其操作程序同单级压缩机。

2）当高压级压缩机运转正常后，中间冷却器的压力降到 0.1MPa 时，逐台启动低压级压缩机，其操作程序与单级压缩机相同。

3）当高压级压缩机的排气温度达到 60℃ 时，开始向中间冷却器供液。一般当高、低压机容积比为 1:2 时，中间压力宜控制在 0.25～0.3MPa；容积比为 1:3 时，中间压力宜控制在 0.35～0.4MPa。

4）当高压级压缩机的吸气温度与排气温度下降较快时，应首先关闭中间冷却器供液阀和高压级压缩机吸气阀，关小低压级压缩机吸气阀。同时要注意油压不得降低，中间压力不得升高。检查中间冷却器液面是否过高，必要时进行排液处理。若湿行程严重，应紧急停机，停止高压级压缩机之后立即停止低压级压缩机。

5）根据库房负荷情况适当开启有关供液阀，如氨泵供液，启动氨泵。

6）填好开机记录。

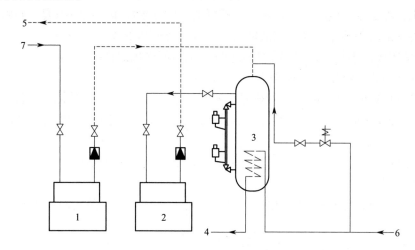

图 3.1-3　配组双级压缩制冷系统

1—低压级压缩机；2—高压级压缩机；3—中间冷却器；4—去低压循环桶；
5—高压级排气；6—供液；7—低压级吸气

（3）氨活塞式单机双级压缩机的开机操作

单机双级压缩制冷系统如图 3.1-4 所示。单机双级氨压缩机与配组双级氨压缩机开机步骤相类似。但启动时，应首先开启高压级、低压级排气阀，低压缸的卸载装置应处于"零位"，运转正常后，再开启高压缸吸气阀，然后使低压缸逐步上载。

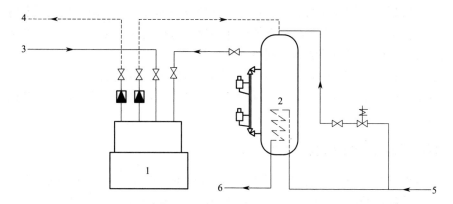

图 3.1-4　单机双级压缩制冷系统

1—单双级压缩机；2—中间冷却器；3—低压级吸气；4—接油分离器；5—接总调节阀；6—供液

3. 氨活塞式制冷压缩机的停机操作

（1）氨活塞式单级制冷压缩机的正常停机

1）停机前 10～30min，关闭液体调节站上的有关供液阀或停止氨泵运转。

2）逐挡降低能量调节器挡位至最少缸数，当蒸发压力降低后，关闭压缩机吸气阀。

3）当曲轴箱压力降至 0MPa 时，关停压缩机，当压缩机完全停转后关闭排气阀，切断电源。将能量调节装置手柄拨至"零位"或最小一挡。

4）停机 10～15min 后，关闭压缩机水套的供水阀，待全部压缩机停止运转后停止向冷凝器供水。在冬季，应将压缩机水套、冷凝器中的存水放净，以免冻裂。如果停机时间较长，应将氨液收集储存于高压储液桶内，以减少泄漏和事故。

5）在关闭阀门手轮上挂"关"字标志牌。填写好停机记录。

（2）氨活塞式双级制冷压缩机的正常停机

1）关闭供液调节站上的供液阀或停止氨泵供液。关闭中间冷却器供液阀。

2）先关低压缸的吸气阀，如果是配组双级压缩机，应先停低压级压缩机，其他程序同单级制冷压缩机。

3）待中间压力降到 0.1MPa 时，关闭高压缸吸气阀。如果是配组双级压缩机，停高压级压缩机的程序同单级制冷压缩机。

4）按下"停机"按钮，切断电源。当压缩机停止转动后，关闭高压级排气阀和低压级排气阀。

5）停机 10min 后，停止冷却水系统工作。

6）在关闭阀门手轮上挂"关"字标志牌。填好停机记录。

（3）氨活塞式制冷压缩机的非正常停机

1）突然停电停机。应先切断电源开关，以防突然来电而造成事故，并立即将压缩机的吸、排气阀关闭，同时关闭有关的供液阀。待查明原因，修复后才可开机。

2）突然停水停机。冷却水突然中断时，应立即切断电源，停止压缩机运行，关闭吸、排气阀和有关供液阀。查明原因并排除故障后才可开机。

3）遇火警停机。当周边发生火灾并威胁到制冷系统的安全时，应立即切断电源，迅速打开高压储液桶、中间冷却器、蒸发器等各制冷设备排液阀，启用紧急泄氨器将氨液迅速排出，防止因火灾蔓延而引起制冷系统爆炸事故。这种处理只能在万不得已的情况下才进行，还须征得主管部门和消防部门同意，不可随意进行。

4）机器设备发生故障时的停机。当压缩机在运转中，机器设备发生严重故障而急需停机，应立即切断电源，再关闭吸、排气阀和有关供液阀，抢修机器、设备。待故障排除后才可开机。

3.1.3 螺杆式制冷压缩机组的操作

典型喷油螺杆式单级压缩系统流程如图 3.1-5 所示。螺杆式制冷压缩机开机前对制冷系统及冷却、冷媒系统的检查，与前述活塞式制冷压缩机的检查工作相同。

1. 螺杆式制冷压缩机组开机前的检查

（1）检查机组四周有无障碍物。

（2）观察油位：润滑油液面在油镜中间位置偏上。

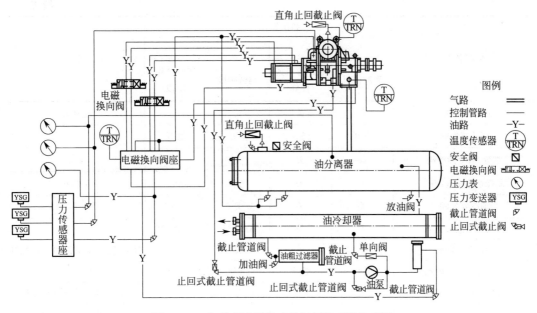

图 3.1-5　典型喷油螺杆式单级压缩系统流程图

（3）检查能量指示是否在零载位，若不在，先启动油泵减载到零载位。

（4）按表 3.1-1 检查机组阀门状态。

螺杆压缩机阀门状态　　　　　　　　　　　　　　　　表 3.1-1

阀门名称	机组操作状态				备注
	停机		运行		
	暂时停机	长期停机或检修	调试阶段	正常工作阶段	
压缩机吸气阀	关	关	慢开	开	自动型暂时停机时开
压缩机排气阀	关	关	开	开	
油分离器与油冷却器间截止阀	开	开	开	开	
油泵与油冷却器间截止阀	开	开	开	开	部件检修时关
油泵与油分配器间截止阀	开	开	开	开	
加油截止阀	关	关	关	关	加油时开
均压截止阀	关	关	关	关	组停机与启动时开
均压电磁阀	关	关	关	关	仅自动型配置，机组停机与启动时开
压差供油节流阀	微开	微开	微开	微开	
安全阀前的截止阀	开	开	开	开	
油分放空阀	关	关	关	关	
压力表(压力传感器)阀	开	开	开	开	部件检修时关
补油截止阀	关	关	关	关	
回油截止阀 1	开	开	开	开	

阀门名称	机组操作状态				备注
	停机		运行		
	暂时停机	长期停机或检修	调试阶段	正常工作阶段	
回油截止阀2	关	关	关	关	定期开
回油节流阀	微开	微开	微开	微开	
油分、油冷排污阀	关	关	关	关	
制冷剂油冷放油阀	关	关	关	关	定期开
油冷放气阀	关	关	关	关	
经济器供液截止阀	关	关	满载时开	满载时开	自带经济器,有排污阀,定期开
经济器排污阀	关	关	关	关	
经济器供液节流阀	微开	微开	微开	微开	
经济器供液电磁阀	关	关	开	开	自动型、自带经济器的机组有
补气截止阀	关	关	满载时开	满载时开	二次进气、自带经济器的机组有
能量调节油过滤器截止阀	开	开	开	开	部件检修时关

（5）检查油冷却器，根据环境温度及油温，调整水冷式油冷却器的水流量或工质冷却油冷却器的工质流量。

2. 螺杆式制冷压缩机组的开机操作

（1）开启主电动机电源和控制电源。

（2）启动油泵运转 15s，并观察油压是否正常。

（3）启动主机，待压缩机转动后缓慢开启吸气截止阀。观察油压应高于排气压力 0.15～0.3MPa。

（4）对压缩机逐渐增载并相应开启供液阀，注意观察吸气压力、排气压力、吸气温度、排气温度、油压、油温、油位、电压、电流值等参数，应在正常工作范围内，且所配电动机不超载运行。

（5）检查调整二次回油节流阀。根据压缩机负荷情况，开启有关供液调节阀。开机 10～30min 后，排气温度稳定在 60～90℃，油温在 40℃左右时为正常。

（6）记录设备运行参数。螺杆机组主要运行参数有排气压力、吸气压力、补气压力、油压、油温、载位、冷却水进口温度、冷媒水出口温度、电动机电流、环境温度等。

3. 螺杆式制冷压缩机组的停机操作

（1）正常停机

1）关闭有关的用冷设备供液阀门或电磁阀门。

2）延时 10～30min 后，减载压缩机，同时关小吸气阀。待减载至零位时停止主机，关闭吸气截止阀，关闭排气阀。

3）延时 10min，停止水冷式油冷却器供水。

4）切断电源。

（2）非正常停机

1）故障停机。螺杆式制冷压缩机组装有安全保护装置，当压力、温度等超过规定范围时，控制器动作使主机停机，同时铃响报警，相应的指示灯亮，指示发生故障的部位。消除事故后，才能再次启动。发生故障停机时操作步骤如下：

①观察明确故障部位后，切断电源。

②关闭吸气阀、排气阀和供液截止阀（自带经济器机组）。

③查明原因并排除故障。

2）紧急停机。当机组或系统出现异常情况时，必须紧急停机，具体步骤如下：

①就近按下总控制柜或压缩机控制柜的急停按钮。

②切断电源。

③关闭吸气阀、排气阀和供液截止阀（自带经济器的机组）。

④查明原因并排除故障。

3）断电停机。

①关闭吸气阀、排气阀和供液截止阀（自带经济器的机组）。

②切断电源。

③查明原因并排除故障。

注意：非正常停机后，再次开机时，一定要将载位卸到"0"位后再启动压缩机。

3.1.4　制冷设备的操作

制冷系统中除制冷压缩机外，其余的均称为制冷设备，如冷凝器、中间冷却器等。设备按使用情况可分为高压设备、低压设备和中压设备。这些设备在运行中相互联系、相互影响。只有每个设备都正确、规范操作，整个制冷系统才能安全有效地工作。

1. 高压设备的操作

（1）油分离器的操作

氨系统一般采用洗涤式和填料式油分离器（见图 3.1-6、图 3.1-7）。

制冷系统正常运行中，洗涤式油分离器的进气阀、出气阀和供液阀都处于常开状态，放油阀是关闭的。洗涤式油分离器内的制冷剂液面高度约为筒体高度的 1/3。若液面过高，将增加排气阻力，若液面过低，则影响分离效果。如果在洗涤式油分离器下部出现发烫无法用手触摸的现象时，表明液体太少或没有液体，将严重影响分离效果，应及时找出原因并加以排除。

要判断洗涤式油分离器是否已分离出油，可用手触摸该设备的底部，如果底部温度较低说明已有存油，应及时放油。

填料式油分离器的操作除没有洗涤式油分离器供液阀操作外，其余均相同。

（2）冷凝器的操作

冷凝器可分为立式壳管式和卧式壳管式（见图 3.1-8、图 3.1-9）。

1）根据压缩机的制冷能力和冷凝负荷情况，确定投入运行的冷凝器台数和冷却水泵的台数。

2）除放油阀、放空气阀应关闭外，其余各阀均应开启。

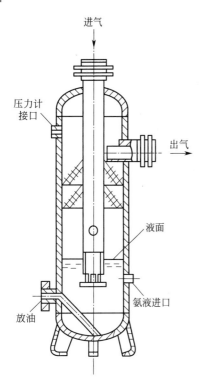

进气

压力计
接口

出气

液面

放油

氨液进口

图 3.1-6　洗涤式油分离器

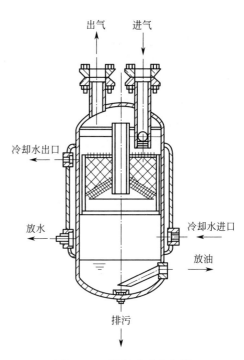

出气　进气

冷却水出口

放水

冷却水进口

放油

排污

图 3.1-7　填料式油分离器

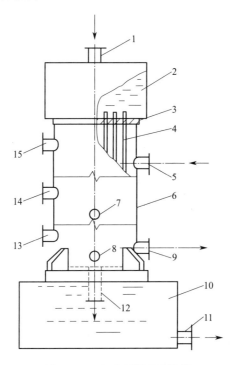

1
2
3
4
15
5
14
6
7
13
8
9
10
12
11

图 3.1-8　立式壳管式冷凝器

1—冷却水进口；2—配水箱；3—上管板；4—换热管；5—气态制冷剂进口；6—筒体；
7—压力计；8—放油管；9—液态制冷剂出口；10—水池；11—排放或再冷却循环管；
12—冷却水出口；13—放气管接口；14—均压管接口；15—安全阀接口

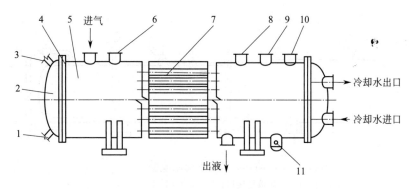

图 3.1-9　卧式壳管式冷凝器

1—泄水管；2—端盖；3—放空气管；4—管板；5—筒体；6—均压管接口；

7—换热管接口；8—安全阀接口；9—压力计管接口；10—放气管接口；11—放油管

3）经常注意冷凝压力，最高不超过 1.5MPa。若压力偏高，应查明原因，及时排除。

4）检查冷凝器供水情况，应保证水量足够，布水均匀。对于立式壳管式冷凝器，冷却水应沿管内壁均匀分布，不能从配水槽溢出，分水器受阻时应及时清理。对于淋激式冷凝器，冷却水不应溢出配水槽或匀水板上缘，并应及时清除出水口端的脏物。

5）冷凝器的进、出水温差应根据冷凝器的种类调整，如立式壳管式冷凝器为 2～3℃，卧式壳管式冷凝器为 4～6℃，蒸发式冷凝器为 5～10℃，淋激式冷凝器为 2～3℃。

6）氨冷凝器应定期（每月）用化学方法或用酚酞试纸检查冷凝器出水中是否有氨，如果发现漏氨现象，应停止运行，查明原因，修复后才能使用。

7）若冷凝器内压力高于冷凝温度（约比出水温度高 4～5℃）所对应的饱和压力，则说明冷凝器内混有空气，应及时放空气。

8）根据开机时间和压缩机的耗油量，定期对冷凝器放油。一般一个月至少放油一次。

9）根据水质情况定期清除水垢。一般每年清除一次，保证水垢厚度不超过 1.5mm。

10）压缩机全部停机 5～10min 后，停止向冷凝器供水。当环境气温在 0℃ 以下时，应将卧式冷凝器中的积水放净；对于淋激式和立式冷凝器，应把配水槽中的水放净，以防冻裂设备。

11）蒸发式冷凝器运行时，应先启动风机及循环水泵，再开启上端进气阀和下端出液阀。运行中压力不得超过 1.5MPa，要求冷却水不得中断（冬季气温较低时除外），冷却水应采用水处理设备处理。冬季停止工作时应将存水放净，以免冻坏设备。

12）风冷式冷凝器经长时间使用，管壁和肋片上积有尘埃，可用压缩空气吹扫或用专用清洗剂冲洗。

（3）高压储液器的操作

高压储液器的结构如图 3.1-10 所示。

1）高压储液器在运行时，进油阀和出液阀、压力表阀、液面指示器角阀、安全阀的截止阀和气体均压阀，均应开启。放油阀和放空气阀应处于关闭状态。

2）开启液面指示器角阀时，应先打开上部的气体均压阀，后打开下部的液体均压阀。

3）正常工作中，高压储液器的液面最高不得高于其高度的 80%，最低不得低于其高度的 30%，平时应稳定在其高度的 40%～60% 之间。

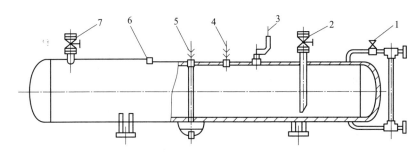

图 3.1-10　高压储液器

1—压力计阀；2—出液管接口；3—安全阀接口；4—放空气管接口；

5—放油管接口；6—平衡管接口；7—进液管接口

4）高压储液器内压力和冷凝压力相同，不得高于 1.5MPa。

5）系统中有数台高压储液器同时使用时，应开启相互之间的液体、气体均压阀，使其压力与液位均衡一致。

6）要定期放油。一般一个月至少放油一次。放油时要切断高压储液器与系统的联系，即关闭进液阀、出液阀和均压阀；在停止工作 15min 后，打开放油阀，向集油器放油。

7）高压储液器停止使用时，应关闭进液阀、出液阀，并使其液面不超过其高度的 80%，与冷凝器连接的均压管不应关闭。

2. 中压设备的操作

中压设备主要是中间冷却器，简称中冷器（见图 3.1-11），其具体操作步骤如下：

（1）正常运行时，中冷器的进气阀、出气阀，蛇形盘管的进液阀、出液阀，液位控制器的均压阀都应开启，供液阀、手动节流阀、排液阀和放油阀都应关闭。

（2）中冷器的液面应保持在液面指示器高度的 50% 左右。中冷器的供液通常用电磁阀和液位控制器来控制。操作人员应根据液面指示器的液位高度和高压级压缩机的吸气温度，判断自动控制液位是否正常。若不符合要求，可改用手动节流阀供液，待修复后再用。

（3）中冷器的工作压力一般应在 0.4MPa 以内。

（4）应及时放油。放油时，最好停止工作，若生产任务重，亦可在工作中缓慢打开放油阀，向集油器放油。

（5）停机前，应关闭供液阀，停止向中冷器供液，使中间压力降至 0.1MPa。

（6）系统停止工作后，中间压力回升不得超过 0.4MPa。若高于此压力，则应进行降压或排液处理，以确保安全。

3. 低压设备的操作

（1）低压循环储液桶的操作

1）检查低压循环储液桶的供液阀、放油阀、出液阀和排液阀是否关闭，其余各阀均应开启。

2）打开供液阀供液。目前低压循环桶的供液是由电磁阀和液位控制器自动控制的，也有手动节流阀辅助供液。

3）当低压循环储液桶内液面高度达到该桶高度的 1/3 时，开启低压循环储液桶的出液阀和氨泵的进液阀，启动氨泵向系统供液。

4）对装有液位控制器配合电磁阀自动供液的低压循环储液桶，要经常检查桶内液面是否正常，自动控制装置是否失灵。

5）要及时放油。放油时应停止低压循环桶工作，打开放油阀向集油器放油。低压循环储液桶一般均设有 DJY-1 型低压集油器，这样便于低压循环储液桶的放油。

6）对于兼作排液桶的低压循环储液桶，当库房进行热氨融霜时，按融霜操作要求，对其进行相应操作，并密切注意桶内液面，防止压缩机出现湿行程。

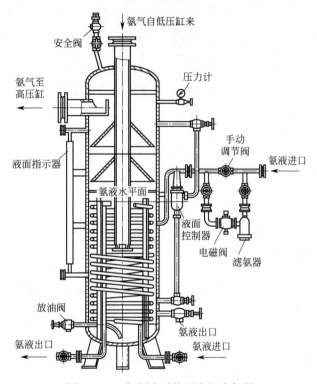

氨气自低压缸来

安全阀

压力计

氨气至
高压缸

手动
调节阀   氨液进口

液面指示器

氨液水平面

液面
控制器

电磁阀   滤氨器

放油阀

氨液出口

氨液出口   氨液进口

图 3.1-11　氨制冷系统用中间冷却器

（2）氨泵的操作

在氨泵供液系统中（见图 3.1-12），广泛采用屏蔽式氨泵，也有齿轮式和离心式氨泵，这些泵类型虽有不同，但操作程序基本相同。

1）氨泵启动前的准备工作有：

①了解上次停泵的原因，若因故障停泵，应在修复后才可启动。

②低压循环桶的出液阀和氨泵的进液阀应开启。

③氨泵周围应无障碍物，除屏蔽泵外，用手拨动联轴器应灵活。

④检查离心式氨泵的电动机轴承和密封器，应注入足够的润滑油。

2）氨泵启动的操作步骤：

①开启氨泵抽气阀，降低泵内压力。

②当氨泵内充满氨液时，打开氨泵的出液阀。

③接通电源，启动氨泵。

④待电流表和压力表指针稳定后，关闭抽气阀，氨泵投入正常运行。

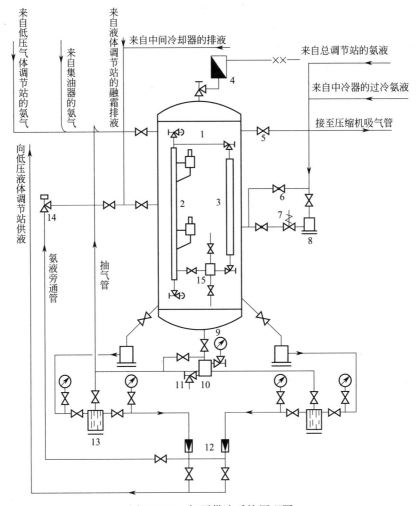

图 3.1-12　氨泵供液系统原理图

1—低压循环储液器；2—液位控制器；3—液位计；4—安全阀；5—截止阀；6—节流阀；7—电磁阀；8—过滤器；
9—压力表；10—低压集油器；11—直角式截止阀；12—止回阀；13—氨泵；14—自动旁通阀；15—阀座

⑤氨泵在正常运行中，输液压力一般在 0.15～0.25MPa，压力表和电流表指针应稳定，运转电流不得超过规定值，氨泵应发出沉重、均匀的输送液体的声音。氨泵泵体外壳应有结霜现象，而且在正常运转期间霜层不应融化。

3）氨泵停止运转的操作步骤：

①当冷间达到温度后，不需再降温时，应停止氨泵的运转。

②关闭低压循环桶的供液阀，对氨泵的进液阀的操作应视情况而定。若其他冷间需要降温或已经降温的冷间融霜后又马上需要降温时，可不必关氨泵进液阀；如冷间在较长时间不需降温时，可将氨泵进液阀关闭。

③切断电源，停止氨泵运转。

④开启氨泵抽气阀，待氨泵内压力降到吸气压力时，关闭抽气阀。

（3）排液桶的操作

1）排液桶使用前，首先检查桶内是否有氨液，如果有氨液应先排出，使排液桶处于待工作状态。

2）打开降压阀，使桶内压力降至蒸发压力，然后关闭降压阀。

3）打开排液桶的进液阀和有关设备的排液阀进行排液工作。

4）在排液过程中，桶内压力超过 0.6MPa 时，应关闭进液阀缓慢打开降压阀，待压力降到蒸发压力后再关闭降压阀，打开进液阀重新进行排液。如此反复进行，直到排液结束或桶内液面高度达到桶高度的 70%。

5）排液结束或达到限制液面高度后，关闭排液桶的进液阀，等液体沉淀 30min 后打开排液桶的放油阀，放掉液体中沉淀下来的油。如果放不出来或放得很慢，说明桶内压力偏低，此时应缓慢打开排液桶的加压阀，加压到 0.6MPa 以帮助放油。放完油后关闭放油阀。

6）放油完毕后再向调节站排液。排液时，加压不超过 0.6MPa。

7）排液完毕后，关闭加压阀和排液阀，再缓慢开启排液桶的降压阀，将桶内压力降至蒸发压力后关闭降压阀，使排液桶处于待工作状态。

（4）氨气液分离器的操作

立式氨气液分离器如图 3.1-13 所示。

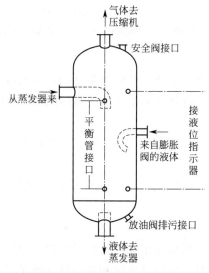

图 3.1-13　立式氨气液分离器

1）氨气液分离器工作时，除放油阀和手动节流阀关闭外，其余各阀均应开启。当浮球阀失灵时，才可打开手动节流阀供液。

2）氨气液分离器正常工作时，在金属液面指示器 1/2 处应有霜层。远距离液面指示值在 30%～50% 之间。

3）根据压缩机的吸气温度、金属液面指示器和冷却排管的结霜情况、远距离液面指示器指示值来判断氨气液分离器的供液是否合适。当压缩机吸气温度过低，远距离液面指示值上升时，说明氨气液分离器供液太多，可能是浮球阀失灵或手动节流阀开启度过大，应及时切断供液，检修浮球阀或关小（关闭）手动节流阀。当压缩机吸气温度过高，金属液面指示器和冷却排管结霜不良或不结霜时，说明氨气液分离器供液太少，可能是浮球阀失灵或手动节流阀开启度过小，应及时检修浮球阀或适度开大手动节流阀。

4）定期进行放油。

（5）气、液调节站的操作

气、液调节站如图 3.1-14 所示。

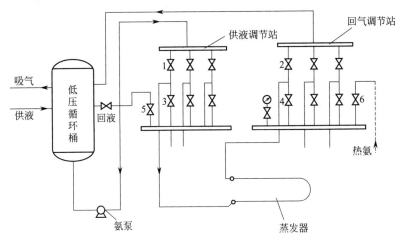

图 3.1-14　气、液调节站

1—供液阀；2—回气阀；3—冷间排液阀；4、6—热氨冲霜阀；5—总排液阀

1）气体调节站的操作：

①正常工作时，气体调节站上的回气阀是常开的，热氨融霜阀是常闭的。

②在库房进货或融霜前，应分别关小或关闭该冷间的回气阀。当库房开始融霜时，应打开融霜阀。

③进货或融霜后降温时，要缓慢开启回气阀，不得过快或过大，以免引起各冷间串压和压缩机湿行程等不良后果。

④降温过程中，应根据冷间的热负荷和压缩机的输气量等情况适当调整回气阀的开启度。

2）液体调节站的操作：

①液体调节站的供液阀一般应在压缩机开机后开启、停机前关闭。

②根据冷间热负荷的情况，货物进出库和进行热氨融霜时应进行相应的调整。

③液体调节站的排液阀平时应关闭。在冷间进行热氨融霜前，应关闭供液阀，开启排液阀。

④冷藏间热负荷较稳定，供液阀调整合适后不需时常调整；冻结间热负荷变化较大，因此，应根据具体情况对供液阀进行相应的调整。

（6）冷却排管的操作管理

1）保持正常的液面。由于冷却排管的形式和制冷系统供液方式不同，排管中液面要求保持的高度也不同。液量过多易使压缩机回霜，液量过少则库房降温困难。排管中液面情况可根据排管结霜情况判断。例如，排管全部不结霜是由于供液太少引起的；上部结霜、下部不结霜是因排管内积油过多等原因引起的。

2）排管以扫霜为主。根据油膜和霜层的情况，定期进行热氨融霜。但热氨融霜时的压力不得超过 0.8MPa。

3）保护排管免受机械力撞击。经常检查排管的锈蚀情况，若发现问题应立即检修。

（7）冷风机的操作管理

1）冷风机启动前应检查风机与电动机的地脚螺栓，其不应松动；叶片及防护罩应完整；叶片与风筒不应摩擦，转动应灵活，轻松；轴承润滑情况应良好，并有足够的润滑油。

2）设有风道及出风导风板的冷风机，应根据室内空气流动要求和货物情况，调整风速、风压、风量和导叶板角度，使配风均匀。

3）启动冷风机前，应先开启冷间制冷剂回气阀，后开启该冷间制冷剂供液阀。

4）接通电源启动冷风机，观察运转情况，如发现以下情况必须立即停止运转：

①风机不转或转速较慢；

②风机或电动机运转声音不正常；

③电流超过额定值；

④电动机过热、有焦味或冒烟现象；

⑤电动机或风机轴承温度过高；

⑥启动盘上熔断器烧断。

5）在运转中，冷风机的冷却盘管组表面应均匀结有霜层。若发现结霜不匀或部分结霜，说明供液不正常，应适当开大供液阀，增加供液量。若霜层太厚，阻碍空气流通，应及时进行融霜。

6）冷风机冲霜后，风管上残留的水滴结冰粘住叶片，此时启动冷风机可能会导致叶片折断。因此，冷风机冲霜后，应启动风机甩掉水分。

7）当库温降至规定要求时，关闭供液阀以及回气阀，停止风机。

3.1.5　制冷系统的放油、放空气和除霜操作

1. 制冷系统放油

（1）制冷设备放油的基本要求

1）最好在设备停止工作时放油，这时放油的效率高而且安全。

2）设备放油都需经集油器放出，以减少氨的损失并保证操作安全。

3）设备放油时，只能一个设备放油完毕后再进行另一个设备的放油，不能两个及多个设备同时进行放油操作。

4）制冷系统在运行期间，制冷设备需要放油时，也可不停止设备的运行，但必须注意不影响制冷系统的正常工作以及安全运行。

5）从集油器放油时，操作人员应戴橡胶手套和防护眼镜，在放油管侧面操作，不得离开操作地点。

（2）制冷设备的放油操作

1）洗涤式油分离器的放油操作（见图 3.1-15）：

①检查集油器是否处于低压工作状态。如果集油器内有积油，应先放出，当集油器压力较高时，应打开降压阀，使其压力一直降至接近制冷系统的回气压力为止，再关闭降压阀。

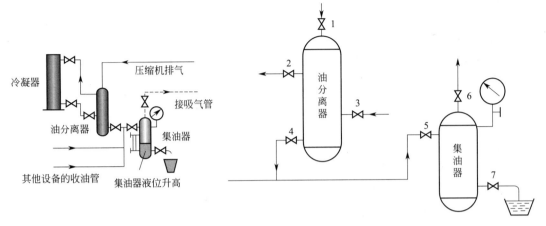

图 3.1-15 洗涤式油分离器放油操作示意图

1—油分离器进气阀；2—油分离器出气阀；3—油分离器进液阀；4—油分离器放油阀；
5—集油器进油阀；6—集油器降压（回气）阀；7—集油器放油阀

②在洗涤式油分离器放油前，应先关闭该油分离器的供液阀 5～10min，使油内制冷剂液体蒸发，使油沉淀。但停止供液时间不宜过长，以免妨碍油分离器的正常工作。

③当油分离器外壳中、下部温度升到 40～45℃时，打开放油阀和集油器的进油阀，向集油器放油。

④当发现洗涤式油分离器放油阀处管道发凉或有结霜时，说明油已放完，应关闭放油阀，开启供液阀恢复正常工作。

⑤放油次数应根据压缩机的耗油量而定，一般正常工作情况下每周 1 次为宜。

2）冷凝器的放油操作：冷凝器一般每月放油 1 次，因为放油间隔时间长，有多台冷凝器的还可轮流放油。因此，要求冷凝器在停止工作时放油。其操作程序如下：

①准备好集油器，使其处于待工作状态。

②调配压缩机的排气线路，使气体通往继续工作的冷凝器中，然后关闭放油冷凝器的进气阀，在不停供冷却水的情况下工作约 30min，使油沉淀。

③关闭冷凝器出液阀和均压阀，打开放油阀和集油器的进油阀，使油流入集油器内。待油放完后调整有关阀门，恢复冷凝器的正常工作。

3）高压储液桶的放油操作：

①高压储液桶放油时一般不停止工作，直接向集油器放油。

②当高压储液桶液位指示器中发现油位上升时，说明桶内有积油，即可进行放油。

③高压储液桶应定期放油，一般每月 1～2 次为宜。

4）中间冷却器的放油操作：双级压缩机低压级的排气中，大部分油在中间冷却器内被分离并沉积在容器底部。因此中间冷却器和油分离器一样也需定期放油，一般每周放油的次数不少于一次。中间冷却器放油一般在工作状态下进行，因此具体操作时要特别仔细，严防中间冷却器内的液体进入集油器，以免影响中冷器和高压级的正常工作。

5）低压循环储液桶的放油操作：以往冷库低压循环储液桶放油，都是通过低压循环储液桶下面的放油管将油排往共同的集油器。由于集油器经减压后与低压循环储液桶的压力一样，放油则靠重力自流。但一般放油管都比较细，共同集油器距离又比较远，低温状态下油黏滞性大，还夹杂着脏物，油很难放出来。最好的解决方法是在热氨冲霜后，桶内压力较高或利用热氨适当加压来放油。

DJY-1 型低压集油器是专门为低压循环储液桶的放油而设计的，如图 3.1-16 所示。它安装在低压循环储液桶的底部中心的下方，而且用最短的管道（管径为 657mm×3.5mm）、较大的阀门（*DN*50）来和低压循环储液桶直接连接，确保低温油能够靠重力流入集油器，可靠地将脏油放出。DJY-1 型低压集油器的底部设计成法兰连接，放油后根据需要可以拆开清除污垢。低压循环储液桶内焊渣、油垢等污物很多，DJY-1 型低压集油器兼有排污的功能。

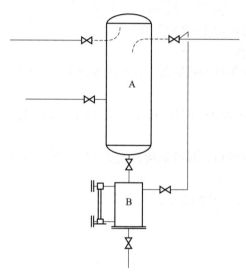

图 3.1-16　DJY-1 型低压集油器放油
A—低压循环桶；B—低压集油器

DJY-1 型低压集油器的放油操作方法如下：

①检查放油阀是否已关紧。

②开抽气阀，观察压力表与低压循环储液桶上放油表的压力是否一致。

③开进油阀，逐渐开足，让油和污物流进集油器。此时，由于油温很低，一部分低温氨液也随油流入，集油器壳体和液位计均被厚霜包住。进油阀要开一段时间，让低压循环储液桶内脏油慢慢流进集油器。

④关闭进油阀。

⑤集油器的厚霜不必处置。静置一两天，待集油器内氨液被抽空，靠空气温度加热，霜层逐渐融化，玻璃液位计的油位也逐渐现出。

⑥关小抽气阀，留半圈不关，让空气继续对油加热。

⑦在放油管下方放一个盛油盘，逐渐开大放油阀，让油和污物流入。

⑧观察油快放完时，关闭抽气阀。

⑨如果认为油中污物不多，关放油阀；如果认为油太脏，可将下部法兰盖拆开，擦洗内部，然后将法兰盖装好。法兰盖的八副 M10 螺栓、螺母均须涂润滑脂安装，可避免锈

蚀，便于拆检。

⑩将盛油盘拖至室外，任其向大气挥发，消除油中氨味。

6）氨气液分离器的放油操作：

①氨气液分离器放油时一般不停止工作。但放油时放油阀应微开，以防止将氨液放出。放油较慢时，可适当加压，但压力不得高于0.5MPa，放油完毕后，将压力降低到回气压力。

②在允许的情况下，也可停止工作放油。这时关闭供液阀、出液阀、进气阀、出气阀，使其压力升高或加压，但压力不得高于0.5MPa。然后，适当开启放油阀向集油器放油。放油完毕后，缓慢打开出气阀，使压力降低到回气压力后，再打开其余的阀门，恢复其正常工作。

③氨气液分离器每月放油1～2次为宜。

7）排液桶的放油操作：

①当排液完毕后，关闭桶的进液阀，使桶内液体暂时不要排出，等待30min，油沉淀后再行放油。

②当桶内压力低，放油困难时，可适当开启加压阀用热氨加压，但压力不得高于0.6MPa。

③当冷间热氨融霜排液后，排液桶均需放油一次。其他情况视液面指示器油面决定放油次数。

8）集油器的放油操作（见图3.1-17）：

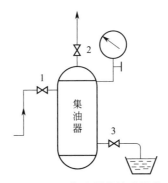

图 3.1-17　集油器的放油操作

1—集油器进油阀；2—集油器降压（回气）阀；3—集油器放油阀

①当各设备向集油器放油时，应先打开集油器的降压阀，待压力降至回气压力时关闭降压阀。

②开启放油设备的放油阀和集油器的进油阀，待设备油全部进入集油器或集油器油面接近70%时，应关闭设备放油阀和集油器的进油阀。

③微开降压阀，使油中的氨液蒸发，当集油器的压力接近回气压力时，关闭降压阀，静置20min，观察集油器压力表指针是否上升。若有显著上升，应重新开启降压阀，直到压力不再上升为止。再开启放油阀将油放出，然后关闭放油阀。

④记录放油时间和放油量。

2. 制冷系统放空气

在制冷系统中，往往有一部分不凝性气体，它的主要成分是空气，还有少量制冷剂和润滑油的分解物。它们在冷凝压力和冷凝温度下是不会凝结的，故称之为不凝性气体，习惯上统称为空气。

空气分离器主要有卧式四重管式和立式两种类型。立式空气分离器一般采用自动放空气，这里主要介绍卧式四重管式空气分离器的放空气操作（见图 3.1-18）。

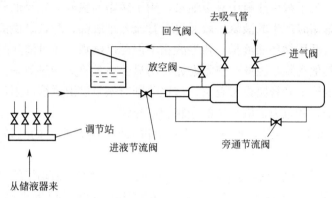

图 3.1-18　卧式四重管式空气分离器的放空气操作

①检查空气分离器的回气阀，应是常开的。

②打开冷凝器或高压储液桶的放空气阀。

③开启空气分离器的混合气体进气阀，转动 2～3 圈，注意此阀不得全开。

④微开空气分离器的供液节流阀 1/12～1/6 圈。供液节流阀开启度大小也可根据回气管的结霜情况进行调整。回气管上的结霜长度不宜超过 1.5m。

⑤当空气分离器底部外壳用手触摸有凉的感觉并有干霜出现时，将放空气阀接口用橡胶管插入储水容器内，放空气阀的开启度要小，以减少氨的损失。可根据水中气泡及混浊情况来调整放空气阀的开启度。气泡在水中上升过程中呈圆形且无体积变化，水不混浊，水温也不上升，则认为放空气阀开得合适，放出的气体为空气。若气泡在上升过程中体积逐渐缩小甚至消失，则说明放出的气体中含有较多氨气，这时应关小放空气阀。若水温上升，水很混浊呈乳白色并发出轻微的爆裂声，则说明有氨液放出，应停止放空气的操作。

⑥在放空气过程中，混合气体中的氨气逐渐被冷凝为氨液并积存于底层，当外壳结霜高度到它本身的 1/3～1/2 时，应关闭供液节流阀，开启回液旁通节流阀，使底层氨液进入最里层循环。注意回液旁通节流阀不能开得过早，否则底层冷凝的氨液一旦排完，将会使混合气体中的空气返回低压系统中。

⑦结束放空气时，首先关闭放空气阀以防止氨气放出；再关闭供液节流阀和混合气体进气阀。回气阀一般不应关闭。

3. 蒸发器的除霜

冷间降温过程中，冷却排管和冷风机的冷却管组会结霜，不仅使导热系数下降，而且影响空气流通，换热效率明显下降。因此，冷库蒸发器应定期除霜。常用的除霜方法有以下几种：

（1）人工除霜

人工除霜通常是人力用竹扫帚扫除冷却排管表面的霜层。这种方法操作简单，不影响库房的正常工作；但扫霜的劳动强度大，除霜不彻底；仅适用于冷库中的光滑冷却排管。

（2）热氨融霜

热氨融霜的原理是把热氨蒸气引入蒸发器，使其与壁外霜层进行热交换，迫使霜层吸热融化，从蒸发器的换热盘管上脱落，从而达到除霜的目的。为了缩短融霜时间，提高融霜效率，融霜用热氨一般都从单级压缩机的排气管上引出，因为单级压缩机的排气温度较高，对融霜有利。为了减少热氨中夹带油量，用于融霜的热氨应先经油分离器分离后再进入蒸发器。热氨融霜时产生的液氨一般通过盘管流入排液桶；对氨泵供液系统，融霜产生的氨液可直接排入低压循环储液桶。热氨融霜不但可以融霜，还可清除附着在冷却盘管内壁上的润滑油及其他污物，因此，热氨融霜可明显提高盘管的传热效果。热氨融霜的具体方法与制冷系统的形式和管路设置有关，这里分别对氨泵供液系统（不带排液桶，融霜排液进入低压循环桶）和重力供液系统的融霜加以介绍。

1）氨泵供液系统（不带排液桶，融霜排液进入低压循环桶）的融霜（见图 3.1-19）：

①融霜前的准备工作：

a. 最好选择在冷间出货后或库内无货时进行。冻结物冷藏间内有货物时，应在货物上加盖油布或帆布，在地坪上铺席子，以免蒸发器上的融霜掉下来污染食品或使地坪结冰。

b. 冷风机的融霜应视生产情况而定。一般冷却间或冻结间在冷却过程或冻结过程结束，货物出货后即可进行一次融霜。

c. 准备好盛装融霜时排出液体的容器。设有排液桶的氨泵供液系统应检查桶内液面，必要时先排液。对于不设排液桶的氨泵供液系统则应停止低压循环桶的供液，以便接受融霜排液。

d. 冬天开机少，冷凝压力低时，热氨温度低，此时可减少冷凝器供水量，以提高压缩机的排气温度。

e. 为了缩短融霜时间，对于光滑排管可先行扫霜，有水融霜管路的冷风机应做好水冲霜的准备工作。

②融霜的具体操作方法：

a. 检查低压循环桶的液面，使其液面不高于其高度的 40%。

b. 关闭液体调节站上融霜库房的供液阀 1 和回气调节站上的融霜库房的回气阀 2。

c. 打开低压循环桶上的排液阀，打开液体调节站的总排液阀 5 和冷间排液阀 3，使蒸发器内的氨液能排入低压循环储液桶。

d. 缓慢地开启热氨融霜阀 4 和 6，增加排管内的压力，但不应超过 0.8MPa。然后，用间歇开、关液体调节站排液阀的方法进行融霜排液工作。排液时，应密切注意低压循环桶的液面，最高不得超过其高度的 60%。超过时，应停止融霜，待氨液排走后再进行融霜。

e. 当冷间蒸发器的霜层融净时，关闭气体调节站上的总热氨融霜阀 6 和冷间的热氨融霜阀 4，然后关闭液体调节站上冷间排液阀 3 和总排液阀 5，停止融霜。

f. 恢复库房工作时，应缓慢地开启气体调节站回气阀 2，以降低排管内的压力。当降至系统蒸发压力时，开启液体调节站供液阀 1 向库房供液。

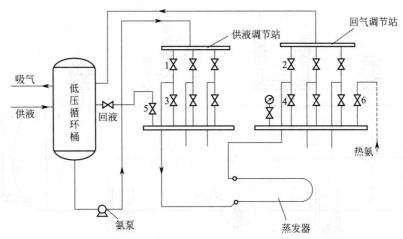

图 3.1-19　氨泵供液系统（不带排液桶）的热氨融霜系统

1—供液阀；2—回气阀；3—冷间排液阀；4、6—热氨冲霜阀；5—总排液阀

2）重力供液系统利用排液桶进行热氨融霜（见图 3.1-20）：

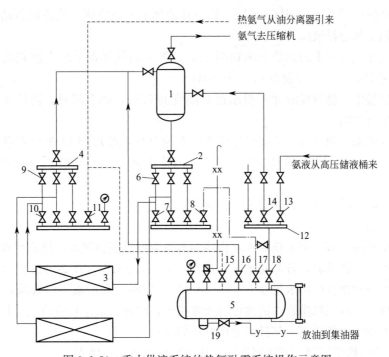

图 3.1-20　重力供液系统的热氨融霜系统操作示意图

1—氨气液分离器；2—液体调节站；3—蒸发器；4—气体调节站；5—融霜排液桶；6—冷间供液阀；7—冷间排液阀；
8—总排液阀；9—冷间回气阀；10—冷间热氨融霜阀；11—总热氨融霜阀；12—总调节站；13—供液阀；
14—节流阀；15—加压阀；16—减压阀；17—进液阀；18—出液阀；19—放油阀

①融霜前的准备工作：查看库房内的储存情况，查看排液桶内的液位和压力。融霜排液桶结构如图 3.1-21 所示。若有液体，则先排液，再降压，使其处于低压状态。

②关闭供向需要融霜的蒸发器的冷间供液阀 6，将蒸发器内存留的液体蒸发抽出。

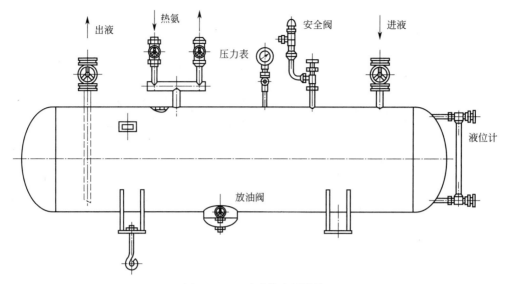

出液　热氨　压力表　安全阀　进液
液位计
放油阀

图 3.1-21　融霜排液桶结构

③蒸发器抽净后关闭冷间回气阀 9，打开排液桶上的进液阀、液体调节站融霜蒸发器的冷间排液阀 7 和总排液阀 8。

④开启气体调节站上的总热氨融箱阀 11，缓慢开启气体调节站上融霜蒸发器上的冷间热氨融霜阀 10，压力应控制在 0.6～0.8MPa。

⑤融霜过程中，排液桶液面不得超过其高度的 70%，如有超过，需停止融霜，待氨液排掉后再进行融霜。

⑥当蒸发器霜层融净后，关闭气体调节站上的总热氨融霜阀 11 和融霜蒸发器上的冷间热氨融霜阀 10。然后关闭液体调节站上的冷间排液阀 7 和总排液阀 8，缓慢开启回气阀降压。

⑦当压力降低后，恢复各阀门状态，恢复制冷工作。

（3）水冲霜

水冲霜是利用具有一定水压的水流直接向蒸发器的外表面喷水，使霜层被水的热量融化并被水冲掉。根据试验，若冲霜水压保持在 0.15～0.2MPa，在 20min 内可完成冲霜工作，每平方米冷却排管的用水量在 0.035～0.05m³ 之间。水冲霜不但效果好而且操作简单，便于管理。但冷风机排管内的油污等无法排出，电量、水量耗费较大，目前仅用于带有排水管道的冷风机的融霜。其具体操作方法如下：

1）关闭冷风机供液阀，开启回气阀，拔去冷风机排水口堵木。

2）慢慢打开上水阀，启动融霜水泵，将 20℃ 左右的水送到冷风机冷却排管的上方往下喷淋。冲霜时，应注意冷风机排管内的压力不得超过 0.6MPa。

3）冲霜完毕后，停止水泵工作，关闭上水阀，开冲霜水管回水阀，排空管内存水以免冻结。

4）待冷风机冷却排管上的水滴尽后，开冷风机的轴流风机吹去管表面附着的水膜，开启冷风机的供液阀恢复正常工作。

（4）热氨和水联合冲霜

水冲霜只能解决蒸发器外表面霜层对传热的不良影响，但没有解决其内部积油对传热的不良影响。因此对于冷风机可采用热氨和水联合冲霜的方法。这种方法融霜效果好，冲霜时间短且能将蒸发器内的积油及时排出，但其操作较为复杂。其操作方法如下：

1）融霜前，应先做好准备工作（同热氨融霜和水冲霜的准备工作）。

2）用热氨融霜 5min 左右，使霜层与蒸发器表面脱开。

3）用 25℃ 左右的水冲霜 15～20min。借助水温、水量及水自上而下的冲力将霜层冲掉。

4）当霜层冲掉，接水盘里没有冰块后，停止水冲霜。

5）利用热氨来"烘干"蒸发器的外表面，以免蒸发器外表面的水膜、水滴结冰而影响传热效果。当蒸发器管壁外表面无水滴时，即可停止热氨融霜。

3.1.6　制冷系统的充氨操作

制冷系统充氨操作前，要准备好充氨工具、防护用具和急救药品等。操作时应遵守相关安全技术规程，做好安全防护，并有人可靠地监护。充氨现场应通风良好，严禁吸烟和明火作业。

1. 充氨前的准备工作

（1）准备好充氨工具和防毒面具、护目镜、橡胶手套等防护用品。

（2）操作人员必须戴上橡胶手套。

（3）操作人员必须和运转班人员密切配合，使贮氨器液面保持在 60% 以下。

（4）将氨瓶置于磅秤上，瓶头朝下倾斜，与地面约成 35°角，氨瓶嘴不得与地面接触。

（5）加氨站接上加氨管和压力表，氨瓶与加氨管连接牢固。

（6）微开氨瓶出液阀（人的面部不得朝向瓶口），检查充氨管及接头处的严密性。

（7）记录氨瓶的质量。

2. 充氨操作

（1）关闭总调节站上的总供液阀。

（2）关闭总调节站上的无关的阀门，打开有关的阀门及三个加氨阀。

（3）打开加氨站上的加氨阀，缓慢开启氨瓶上的出液阀，进行加氨。操作人员必须背对氨瓶的出液口，以防氨液喷出伤人。

（4）当加氨管上压力表的压力降到与系统的蒸发压力相等，氨瓶出液阀处有"嗞嗞"声，氨瓶下部结霜又融化时，说明氨瓶里的氨已加完。此时应关闭氨瓶上的出液阀和加氨站上的加氨阀，拆下氨瓶阀口处的管接头，将空瓶称重，并记录加氨量。若充氨量不足，则应换上新瓶继续充氨，直到充够为止。

（5）加氨完毕，关闭加氨管上各阀和加氨站的加氨阀、总调节站上的加氨阀。

（6）开启总供液阀，恢复正常运转。

（7）打开室外加氨阀，将加氨管与大气相通排空后再关闭室外加氨阀，将备用管管口包好留存。

（8）将加氨站各阀门铅封，管口包好。

3.2 氨制冷系统的定期检验

氨制冷系统包括压力容器和压力管道两类特种设备,按照《固定式压力容器安全技术监察规程》TSG 21—2016 规定,压力容器检验包括定期检验、月度检查和年度检查。定期检验由检验检测机构进行;月度检查和年度检查由使用单位的作业人员进行。《压力管道定期检验规则——工业管道》TSG 17005—2018 规定,压力管道检验包括在线检验和全面检验。在线检验由使用单位的作业人员进行;全面检验由检验检测机构进行。

3.2.1 定期检验项目

以宏观检验、壁厚测定、表面缺陷检测、安全附件检验为主,必要时增加埋藏缺陷检测、材料分析、密封紧固件检验、强度校核、耐压试验、泄漏试验等。小型制冷装置中压力容器的定期检验可以在不停机的状态下进行。检验项目包括资料审查、宏观检验、液氨成分检验、壁厚测定、高压侧压力容器外表面无损检测。必要时还应当进行低压侧压力容器的外表面无损检测、声发射检测、埋藏缺陷检测、材料分析、强度校核、安全附件检验、耐压试验等。压力容器定期检验的要点如下:

(1)检查封头形式、封头与筒体的连接、开孔位置及补强、纵(环)焊缝的布置及形式、支撑或者支座的形式及布置、排放(疏水、排污)装置的设置是否符合要求。

(2)首次定期检验时,检查纵(环)焊缝对口错边量、纵(环)焊缝棱角度、纵(环)焊缝咬边、纵(环)焊缝余高;以后定期检验重点是检验有问题部位的新生缺陷。

(3)检查铭牌和标志;主要受压元件及其焊缝裂纹、泄漏、鼓包、变形、机械接触损伤;工卡具焊迹、电弧灼伤;法兰、密封面及其紧固螺栓;支撑、支座或者基础的下沉、倾斜;地脚螺栓;排放(疏水、排污)装置和泄漏信号指示孔的堵塞、腐蚀、沉积物等情况。

(4)检查隔热层的破损、脱落、潮湿等情况;有破损、脱落、潮湿的,检查容器壳体腐蚀情况。

(5)采用超声测厚方法进行壁厚测定,厚度测定点一般应该选择以下位置:1)液位经常波动的部位;2)物料进口、流动转向、截面突变等易受腐蚀、冲蚀的部位;3)制造成型时壁厚减薄部位和使用中易产生变形及磨损的部位;4)接管部位;5)宏观检验时发现的可疑部位。对于保温完好的,可不进行壁厚测定。

(6)高压侧压力容器的外表面焊缝进行磁粉抽查检测。

(7)对腐蚀(及磨蚀)深度超过腐蚀裕量的压力容器进行强度校核。

(8)检查安全阀,检验是否在校验有效期内。

(9)检查压力表是否在检定有效期内。

(10)检查液位计是否灵敏可靠。

3.2.2 月度检查项目

使用单位每月对所使用的压力容器至少进行1次月度检查。月度检查内容主要为压力容器本体及其安全附件、装卸附件、安全保护装置、测量调控装置、附属仪器仪表是否完好，各类密封面有无泄漏，以及其他异常情况等。压力容器的月度检查的要点如下：

（1）检查封头形式、封头与筒体的连接、开孔位置及补强、纵（环）焊缝的布置及形式、支撑或者支座的型式及布置、排放（疏水、排污）装置的设置是否符合要求。

（2）首次定期检验时，检查纵（环）焊缝对口错边量、纵（环）焊缝棱角度、纵（环）焊缝咬边、纵（环）焊缝余高；以后定期检验重点是检验有问题部位的新生缺陷。

（3）检查铭牌和标志；主要受压元件及其焊缝裂纹、泄漏、鼓包、变形、机械接触损伤；工卡具焊迹、电弧灼伤；法兰、密封面及其紧固螺栓；支撑、支座或者基础的下沉、倾斜；地脚螺栓；排放（疏水、排污）装置和泄漏信号指示孔的堵塞、腐蚀、沉积物等情况。

（4）检查隔热层的破损、脱落、潮湿等情况；有破损、脱落、潮湿的，检查容器壳体腐蚀情况。

（5）检查安全阀，检验是否在校验有效期内。

（6）检查压力表是否在检定有效期内。

（7）检查液位计是否灵敏可靠。

3.2.3　年度检查项目

年度检查项目至少包括压力容器安全管理情况、压力容器本体及其运行状况和压力容器安全附件检查等。压力容器年度检查的要点如下：

（1）检查封头形式、封头与筒体的连接、开孔位置及补强、纵（环）焊缝的布置及形式、支撑或者支座的形式及布置、排放（疏水、排污）装置的设置是否符合要求。

（2）首次定期检验时，检查纵（环）焊缝对口错边量、纵（环）焊缝棱角度、纵（环）焊缝咬边、纵（环）焊缝余高；以后定期检验重点是检验有问题部位的新生缺陷。

（3）检查铭牌和标志；主要受压元件及其焊缝裂纹、泄漏、鼓包、变形、机械接触损伤；工卡具焊迹、电弧灼伤；法兰、密封面及其紧固螺栓；支撑、支座或者基础的下沉、倾斜；地脚螺栓；排放（疏水、排污）装置和泄漏信号指示孔的堵塞、腐蚀、沉积物等情况。

（4）检查隔热层的破损、脱落、潮湿等情况；有破损、脱落、潮湿的，检查容器壳体腐蚀情况。

（5）采用超声测厚方法进行壁厚测定，厚度测定点一般应该选择以下位置：1）液位经常波动的部位；2）物料进口、流动转向、截面突变等易受腐蚀、冲蚀的部位；3）制造成型时壁厚减薄部位和使用中易产生变形及磨损的部位；4）接管部位；5）宏观检验时发现的可疑部位。对于保温完好的，可不进行壁厚测定。

（6）对高压侧压力容器的外表面焊缝进行磁粉抽查检测。

（7）检查安全阀，检验是否在校验有效期内。

（8）检查压力表是否在检定有效期内。

（9）检查液位计是否灵敏可靠。

3.2.4　在线检验

一般以宏观检查和安全保护装置检验为主，必要时进行壁厚检查。管道的下述部位为重点检查部位：1）压缩机、泵的出口；2）补偿器、三通、弯头（弯管）、大小头、支管连接及介质流动的死角等；3）支吊架损坏部位附近的管道组成件及焊接接头；4）曾经出现过影响管道安全运行的问题的部位；5）处于生产流程要害部位的管段及与重要装置或设备相连接的管段；6）工作条件苛刻及承受交变载荷的管段。

压力管道在线检验的要点如下：

（1）检查管道及其他组成件泄漏情况。

（2）检查管道绝热层有无破损、脱落、跑冷等情况；防腐层是否完好。

（3）检查管道有无异常振动情况。

（4）检查管道位置是否符合安全技术规范和现行国家标准的要求。

（5）检查管道与管道、管道与相邻设备之间有无相互碰撞及摩擦情况。

（6）检查管道是否存在挠曲、下沉以及异常变形等。

（7）支吊架是否脱落、变形、腐蚀损坏或焊接接头开裂。

（8）支架与管道接触处有无积水现象。

（9）吊杆及连接配件是否损坏或异常。

（10）承载结构与支撑辅助钢结构是否明显变形，主要受力焊接接头是否有宏观裂纹。

（11）检查阀门材质是否符合要求。

（12）检查阀门表面是否存在腐蚀现象。

（13）检查阀体表面是否有裂纹、严重缩孔等缺陷。

（14）检查阀门连接螺栓是否松动。

（15）检查阀门操作是否灵活。

（16）检查法兰是否偏口，坚固件是否齐全并符合要求，有无松动和腐蚀现象。

（17）检查法兰面是否发生异常翘曲、变形。

（18）检查管道标志是否符合现行国家标准的规定。

（19）采用热氨融霜工艺的管道，检查冲霜管上是否装设有效地防止产生超压的控制装置。

（20）对压力表进行外观检查，并检查同一系统上的压力表读数是否一致。存在下述问题之一的压力表，应立即更换：1）超过校验有效期或铅封损坏；2）量程与其检测的压力范围不匹配；3）指示失灵、表内弹簧管泄漏或指针松动；4）刻度不清、表盘玻璃破裂；5）指针断裂或外壳腐蚀严重；6）压力表与管道间装设的三通旋塞或针形阀开启标记不清或锁紧装置损坏。

（21）对安全阀进行外观检查，重点检查是否在校验有效期、是否有泄漏及锈蚀情况。检查铅封装置是否完好。检查安全阀泄放管是否接至安全地点。安全阀与排放口之间装设截断阀的，运行期间必须处于全开位置并加铅封。存在下述问题之的安全阀，应立即更换：1）超过校验有效期或铅封损坏；2）安全阀泄漏。

（22）对需重点管理的管道或有明显腐蚀和冲刷减薄的弯头、三通、管径突变部位及相邻直管部位，应采取定点测厚或抽查的方式进行壁厚测定。

3.2.5 不停机的全面检验

对于确实无法停机的系统，在确保人员安全的情况下，可以在不停机的状态下，对压力管道进行检验。检验项目一般应包括资料审查、宏观检验、高低压侧的剩余壁厚抽查、氨泄漏检查、安全保护装置检查，以及对使用单位的管道安全管理情况进行检查和评价，必要时进行硬度检测、射线检测、磁粉检测、渗透检测、压力试验。压力管道不停机的全面检验要点如下：

（1）对管道进行外部宏观检查的项目包括实际工况、管道位置、管道结构、绝热层、防腐层、支吊架、阀门、法兰、管道标识、管道组成件、焊接接头、防止产生超压、液击的控制装置。低压侧管线着重对有破损、脱落、跑冷的部位进行检查。

1）检查高压侧最高工作内压力和工作温度，低压侧的最高工作和最低工作温度（对于有制冰、库房、速冻、单冻机系统管道的，应分别提供各系统管道的最低工作温度）是否符合设计图样或使用工况。

2）检查管道与管道、管道与相邻设备之间有无相互碰撞及摩擦情况。

3）检查管道是否发生移位。

4）检查管道是否通过有人员办公、休息和居住的建筑物。

5）检查管道位置是否容易被压、撞。

6）检查管道是否经过不利于管道安全的环境。

7）检查管道是否存在挠曲、下沉以及异常变形等。对于支吊架缺失或失效、挠度过大或过小管道，应重点检查。

8）对于有绝热层的管道，检查管道绝热层有无破损、脱落、跑冷等情况。

9）检查防腐层是否破损、脱落。

10）检查支吊架间距是否合理。

11）检查支吊架是否脱落、变形、腐蚀损坏或焊接接头开裂。

12）检查支架与管道接触处有无积水现象。

13）检查刚性支吊架状态是否异常。

14）检查吊杆及连接配件是否损坏或异常。

15）检查承载结构与支撑辅助钢结构是否明显变形，主要受力焊接接头是否有宏观裂纹。

16）检查阀门材质是否符合要求。

17）检查阀门表面是否存在腐蚀现象。

18）检查阀体表面是否有裂纹、严重缩孔等缺陷。

19）检查阀门连接螺栓（指阀门本身的连接螺栓）是否松动。

20）检查阀门操作是否灵活（除截止阀外，其他阀门严禁检验人员在未经使用单位允许的情形下进行单独操作）。

21）检查阀门是否存在泄漏（一般通过痕迹辨认）。

22）检查法兰是否偏口、紧固件是否齐全并符合要求，有无松动和腐蚀现象（法兰与紧固螺栓材料不一致时，应重点检查接触腐蚀）。

23）检查法兰面是否发生异常翘曲、变形。

24）检查管子、管件、密封件、紧固件、安全保护装置等构成工业管道承压空间的所有部件有无损坏，有无变形，表面有无裂纹、皱褶、重皮、碰伤及焊接飞溅损伤等缺陷。

25）检查管道上述组成件是否存在腐蚀，重点是保温破损、防腐层破损、与支撑或其他设备接触部位、管道低点、积水、结露等部位。

26）检查焊接接头是否存在表面裂纹、表面气孔、外露夹渣、咬边、余高、错边等缺陷。单冻机采用热氨融霜的回气总管管帽和库房回气总管管帽应重点进行宏观检查（封头结构和焊缝表面质量），必要时进行焊接接头埋藏缺陷检测。

27）采用热氨融霜工艺的管道，检查冲霜管上是否装设有效地防止产生超压、液击的控制装置。

（2）壁厚测定的抽查比例、数量、位置规定如下：

1）对高压侧管道，每种管件的抽查比例≥20％；被抽查管件与直管段相连的接头的直管段一侧应进行厚度测量。检验人员认为必要时，对其余直管段进行度抽查。

2）对低压侧管道，须对保温层存在破损、脱落、跑冷等现象的部位进行壁厚检测；保温层完好的，可不进行壁厚检测。

3）如抽查发现全面减薄或局部减薄，可根据实际扩大抽查比例，局部腐蚀处应纳入抽查范围。

4）发现管道壁厚有异常情况时，应在附近增加测点，并确定异常区域大小时，可适当提高整条管线的厚度抽查比例。

5）测管件和直管段明显需更换的，可减少测厚部位。

6）如发现管件存在明显厚度偏差的，需要增加测厚位置才能有效确定最大减波位置并测出最大减薄量后确定管件材料存在分层现象的，可增加测厚位置。

（3）泄漏检查：正常工作压力下，检查氨制冷管道是否存在泄漏及泄漏部位。

（4）压力表检查：对压力表进行外观检查，并检查同一系统上的压力表读数是否一致。存在下述问题之一的压力表，应立即更换：

1）超过校验有效期或铅封损坏。

2）量程与其检测的压力范围不匹配。

3）指示失灵、表内弹簧管泄漏或指针松动。

4）刻度不清、表盘玻璃破裂。

5）指针断裂或外壳腐蚀严重

6）压力表与管道间装设的三通旋塞或针形阀开启标记不清或锁紧装置损坏。

（5）对测温仪表进行外观检查并检查同一系统上的测温仪表读数是否一致。存在第（4）条第1)~5)款所述问题之一的测温仪表，应立即更换。

（6）对安全阀进行外观检查。重点检查是否在校验有效期、是否有泄漏及锈蚀情况。检查铅封装置是否完好。检查安全阀泄放管是否接至安全地点。安全阀与排放口之间装设截止阀的，运行期间必须处于全开位置并加铅封。存在下述问题之的安全阀，应立即更换：

1）超过校验有效期或铅封损坏。

2）安全阀泄漏。

发现安全阀失灵或有故障时，应立即处置或停止运行。

（7）对材质性能怀疑的管道，一般应选择有代表性的部位进行硬度检测。材料发生劣化的，必要时进行割管硬度检测，一般选用洛氏硬度试验法。硬度检测的抽查位置、数量规定如下：

1）储氨器的进液管和出液管上各抽查一段管子。

2）每个管子硬度测点数量不应小于 3 个。

（8）氨制冷压力管道的对接焊接接头检查。一般不进行埋藏缺陷抽查，有以下情况之一的，应对压力管道对接焊接接头进行埋藏缺陷检测：

1）宏观检查或表面无损检测发现有缺陷的管道，认为需要进行焊接接头埋藏缺陷检测的管道。

2）宏观检查发现由于基础沉降不一致而导致管道活动受到制约，其制约点附管道的对接焊接接头。

3）检验人员对埋藏缺陷有怀疑，认为需要进行焊接接头埋藏缺陷检测的管道。

（9）耐压强度校验。管道的全面减薄量超过公称厚度的 10% 时，应进行耐压强度校验，参照现行国家标准《工业金属管道设计规范》GB 50316。

（10）应力分析。对下列情况之一者，应进行管系应力分析：

1）无强度计算书，并且 $t_0 \geqslant D_0/6$ 或 $P_0/[\sigma]_t > 0.385$ 的管道；其中 t_0 为管道设计壁厚（mm），D_0 为管道设计外径（mm），P_0 为设计压力（MPa），$[\sigma]_t$ 为设计温度下材料的许用应力（MPa）。

2）存在下列情况之一的管道：①有较大变形、挠曲；②法兰经常性泄漏、破坏；③支吊架异常损坏；④严重的全面减薄。

3.3　氨制冷系统突发事故应急处理方法与自我保护

制冷行业，特别是氨制冷行业操作人员，应充分了解氨的理化特性及工作中可能出现的突发事件，要熟记系统管道的布局、走向、各阀门用途。在发生突发事故时方能及时有效进行施救和自保。

制冷设备是由压力容器组成的系统装置，制冷剂压力在制冷系统运转中发生变化，处于压力运行状态，具有潜在的爆炸危险。氨制冷剂具有较大的毒性，氨气在空气中达到爆炸极限浓度时会引起燃烧爆炸。总之，氨制冷剂在作业中的事故归纳起来主要为：爆炸、中毒、冷灼伤及火灾等。

3.3.1　制冷作业爆炸事故

制冷作业的爆炸事故有两种：一种为化学爆炸事故，另一种为物理爆炸事故。化学爆炸是一种剧烈的化学反应，同时伴随着巨大能量释放，爆炸前后的物质发生了变化，化学爆炸必须满足三个必要条件：

（1）可燃物质和空气。

（2）可燃物质在空气的浓度达到极限。

（3）明火。

物理性爆炸则是单纯的质量急剧释放过程。

1. 化学爆炸事故

（1）氨气是一种可燃爆的气体，爆炸极限为 16%～25%，空气中的氨达到爆炸极限时遇明火即发生爆炸。为防止发生事故，在日常操作维护时要注意设备的检漏，出现漏点及时处理。检修时在制冷剂未抽空、未置换完全、未与大气接通的情况下严禁拆卸设备或对设备上的附件进行焊接作业，同时规定机房内不能有明火。冬季严禁用明火取暖。

（2）用氧气对制冷系统试压时发生爆炸事故。在制冷设备调试安装过程中，操作人员因违反安全操作规程，用氧气代替氮气或干燥空气对制冷设备进行试压检漏。因氧气特别是带压氧气具有极强的氧化特性，与压缩机里的润滑油发生剧烈的氧化反应导致制冷设备发出爆炸。

（3）焊接氨制冷系统发生的爆炸事故。在对氨制冷系统进行焊接修补时，由于焊接前未能彻底清除设备里的存氨，以至氨遇明火发生爆炸事故。

2. 物理爆炸事故

（1）制冷剂在制冷设备里具有较大的压缩性，受压后体积收缩积聚能量，当容器的容积较大时，一旦遇到意外情况，容器或管道则发生爆破，如液爆等。

（2）违章操作导致设备压力超高而爆炸事故。制冷设备运行中，由于违章操作导致设备超压。如安全装置失灵，其压力超出设备强度，造成设备爆炸。

引起设备超压的主要原因有：

（1）冷凝压力的超高。

（2）由于外部不正常热量干扰，引起制冷系统饱和蒸气压力增大。如用热氨冲霜或用水对低温蒸发器融霜或在高温环境下停机以及周围环境起火时，均会引起制冷系统内压力增高产生超压危险。

（3）液体制冷剂充满封闭空间。充满制冷剂液体的管道或容器，因环境温度上升而引起制冷剂体积急剧膨胀，压力骤升。因此将充满制冷剂管道出液阀关闭或在容器和钢瓶中超量充装制冷剂是非常危险的。压力超出管道或设备强度时就会发生爆炸或者爆裂，通称液爆。制冷系统液爆，大多发生在阀门处，事故的后果是非常严重的。

制冷系统运行中可能发生液爆的部位主要有：冷凝器与高压贮液器之间的管道、高压贮液器至膨胀阀之前的管道、两端有截止阀的液体管道、高压设备的液位计、液体分配站等。

3.3.2 火灾事故

氨制冷剂具有可燃性，遇到明火会燃烧，氨的自燃温度是 630℃。冷库中发生火灾有以下几个原因：

（1）建造过程中易发生火灾。冷库在建造过程中要使用大量保温材料（聚氨酯），要进行二毡三油防潮隔汽构造处理，遇到火源就会发生火灾。

（2）检修时易发生火灾。在进行库房改造，特别是管道焊接时，极易引发火灾。

（3）冷库拆除时易发生火灾。冷库拆除时，管道及容器内残留气体和隔热层中大量的可燃材料遇到明火就会引起火灾。

（4）电气设备老化或使用不当导致火灾。冷库中使用的照明灯、冷风机、电加热门的使用不当以及电路老化引起火灾。

（5）线路问题引发火灾。在冷库火灾中线路问题引起的火灾占大半，其中线路短路造成的火灾最多。

3.3.3　制冷剂泄漏事故

引起制冷剂泄漏的原因也是多方面的：

（1）金属在低温下的脆性破坏。制冷设备在低温的情况下应有足够的韧性，否则会产生脆性破坏导致事故的发生。

（2）在制冷剂作业中，载冷剂的冻结往往也会造成换热管泄漏。如冷盐机组因冷媒水断水等原因造成冷媒水冻结，蒸发器换热管冻裂。

（3）热应力产生的危险。制冷系统在运行时总会由于温度的变化产生热应力的影响，系统温度的突变，会使受热器件产生较大的热胀冷缩。特别是低温状态下遇到温度的突然升高（如进行热氨冲霜时），较大的温差对蒸发器及管道产生的冲击较大。故在系统的薄弱环节如接口或焊接口等处产生破裂，造成制冷剂的泄漏事故。

3.3.4　氨泄漏造成的危害及处理方法

1. 氨对人体的危害

氨是一种有毒的刺激性气体，常温常压下为气体，易溶于水。氨通过呼吸道和皮肤侵入人体，常作用于眼结膜、上呼吸道及其他暴露于空气中的黏膜组织，附着黏膜后，成为碱性物质，对黏膜产生强烈的刺激作用。氨气被人体吸收后，当即出现咳呛不止、憋气、气急、流泪、怕光、咽痛等病症。如吸入氨气浓度很高时，还可出现口唇、指甲青紫等缺氧症状，伴有头晕、恶心、呼吸困难等。有的病人咽部水肿，甚至出现肺炎和肺水肿。氨气不仅能通过呼吸道和皮肤造成人员的中毒事故，而且其强烈的刺激性还会造成对人眼的伤害，严重者造成眼睛失明。慢性中毒还会引起慢性气管炎、肺气肿等呼吸系统疾病，表 3.3-1 为氨对人体生理有影响的氨浓度。

氨对人体生理的影响　　　　　　　　　　　　　　　　表 3.3-1

人体生理的影响	空气中的氨的含量（$\times 10^{-6}$）
可以感觉氨的最低浓度	53
长期停留也无害的最大值	100
短时间对人体无害	300～500
强烈刺激鼻子和咽喉	408
刺激眼睛	698
引起强烈的咳嗽	1720
短时间(30min)内有危险	2500～4500
立即引起致命危险	5000～10000

氨属于生碱性物质，当碱性物质与肌体蛋白结合后，形成可溶性碱性蛋白，并溶解脂肪组织，随着碱性物质的不断渗入深部组织，其创面不断加深，引起化学烧伤。

氨液溅到人体时，将吸收人体表面的热量汽化，热量失去过多则会造成冻伤。化学冻伤同时伴有化学烧伤。化学冻伤的症状是现有寒冷感和针刺样疼痛，皮肤苍白，继之出现麻木或丧失知觉等症状，肿胀一般不明显，而在复温后才会迅速出现。

2. 发生氨中毒的急救措施

氨对人体造成的伤害，大致可分为三类：

（1）氨液溅到皮肤上引起的冷灼伤。

（2）氨液或氨气对眼睛有刺激性或灼伤性伤害。

（3）氨气被人体吸入，轻则刺激器官，重则导致昏迷甚至死亡。

当氨液溅到衣服和皮肤上时，应立即把被氨液溅湿的衣服脱去，用水或2‰硼酸水冲洗皮肤，注意水温不得超过46℃，切忌干加热，当解冻后，再涂上凡士林或植物油或万花油。若发生氨液冻伤，复温是急救关键，用40～42℃的温水或2‰的硼酸水浸泡，被冻伤的肌体在15～30min内温度提高到接近正常体温。在冻伤不太严重的情况下，还可以对冻伤部位进行轻微的按摩，促进血液循环，利于冻伤升温。但是不要将冻伤部位划破，以免增加感染机会。

当眼睛被氨污染必须就地用清洁水或生理盐水或2‰的硼酸水进行冲洗，冲洗时眼皮一定要翻开，患者可迅速开闭眼睛，用水布满全眼，然后请医生治疗。当呼吸道受氨气刺激引起严重咳嗽时，可用湿毛巾或用水弄湿衣服，捂住鼻子和口，由于氨易融于水，因此，可显著减轻氨的刺激作用，或用食醋把毛巾弄湿，再捂口、鼻，由于醋蒸气与氨发生中和作用，使氨变成中性盐，这样也可以减轻氨对呼吸道的刺激和中毒程度。

当呼吸道受氨刺激较大而且中毒比较严重时，可用硼酸水滴鼻漱口，并给中毒者饮入柠檬汁。但切勿饮白开水，因氨易融于水会助长氨的扩散。

当氨中毒十分严重，致使呼吸微弱，甚至休克、呼吸停止时，应立即进行人工呼吸抢救，并给中毒者饮用较浓的食醋，有条件时施以纯氧呼吸。遇到这种严重情况，应立即请医生或将中毒者送医院抢救。

不论中毒或窒息程度轻重与否，均应将患者转移到新鲜空气处进行救护，不使其继续吸入含氨的空气。

3. 制冷剂的冻伤事故

液体制冷剂溅到人的皮肤上会造成冷灼伤事故，使皮肤和表面肌肉组织损伤。特别是氨制冷剂，它不仅会冻坏肌肉组织，还腐蚀皮肤，这种腐蚀作用的症状与烧伤的症状相似，也称为冷灼伤。

3.3.5 制冷设备泄漏处理方法

1. 压缩机漏氨处理方法

（1）发生压缩机严重漏氨时，立即按下急停开关。其他压缩机应先低压级后高压级按急停开关停机。

（2）如漏氨非常严重，人员无法靠近事故机器，应到配电房断电停机，并立即关闭与其相连的阀门。

（3）开启压缩机房的事故（风机）排风扇。

2. 压力容器漏氨处理方法

发生容器漏泄事故，原则是首先采控制措施，使事故不再扩大，然后将事故容器与系统相连的阀门关闭。漏氨严重时用水淋浇漏氨部位根据情况，将容器里面的氨液排空处理。

属于此类设备的有：油氨分离器、高压储液桶、低压循环桶、中间冷却器、排液桶、集油器、放空器等。

（1）油氨分离器的漏氨

油氨分离器发生泄漏后，如压缩机在运行中应立即停止运行，关闭油氨分离器的出液阀门、进气阀门、放油阀门。关闭冷凝器进气阀门，以及压缩机至油氨分离器的排气阀。

（2）冷凝器漏氨（立式、卧式、蒸发式）

发生漏氨后应立即停止压缩机运行，迅速关闭与高压储液桶相连的均压阀、放空气阀。关闭冷凝器进气阀门、出液阀门。系统工艺允许时可以冷凝器减压。

（3）高压储液桶漏氨

高压储液桶漏氨应立即停机，迅速关闭高压储液桶进液阀、均压阀、放油阀以及其他的关联阀门。在条件和环境允许时，开启与低压容器相连的阀门进行排液、减压。尽量减少氨液向环境外泄。当高压储液桶压力与低压容器平衡时，关闭排液阀门。

（4）中间冷却器漏氨

中间冷却器发生漏氨，立即停机迅速关闭其与其他设备相通的阀门，开启排液阀或放油阀门进行排液，给中间冷却器减压。

（5）低压循环桶漏氨

该容器漏氨后，应立即停机，关闭低循进气阀、出气阀、排液阀、放油阀及其他关联阀门。开启氨泵将桶内的氨液送至库内蒸发器，待桶内无液后关闭氨泵及进液阀。

（6）低压排液桶漏氨

该容器漏氨，如在冲霜过程中，应立即关闭与排液桶所有相关的阀门，根据桶内液位高低进行处理。如果液量较少，开启减压阀门进行减压；如果液量较多，应尽快将桶内液体排空，减少外泄。

另外，如是高压管道泄漏，应立即停机，切断漏氨部位和系统联通的管道，排空后进行处理。如是低压管道（冷库内冷却设备）漏氨，应迅速关闭供液阀，查明漏点。如果库房内氨气很浓，可开风机排除并用醋酸溶液喷雾中和。若条件允许可启动压缩机将该冷间的氨液抽回。操作人员根据制冷工艺和具体情况，采取灵活、安全、有效的办法操作。

3. 自我保护

制冷行业的操作人员，特别是氨制冷系统操作人员，要充分了解氨的理化毒性、工艺流程、管道走向、各阀门的作用。日常开机要规范操作，要有较强的安全意识和责任心。牢记根据制冷工艺制定的应急预案内容。能熟练掌握正压式空气呼吸器及防护服等应急物品的使用方法。发生事故时要沉着冷静，不惊慌失措，以免乱开或错开机器设备上的阀门，导致事故扩大。遇有较大险情发生时，一人切勿进入现场，必须有两人以上穿戴好防护用具方可进入抢险。如遇重大事故时，根据现场情况迅速撤离到安全地带。

3.3.6　安全防护器材

1. 防护用品

正确选择和合理使用个人防护用品是预防职业伤害，保证人身安全和正常生产的重要措施。为此，制冷机房需要配备以下防护用品。

（1）长导管式防毒面具：由面罩和长导管两部分组成，使用时先将面罩和长导管连接好，长导管一段放至远离事故现场，带好面具，用手拖拽进入事故现场即可，但要注意防止面罩脱落。

（2）过滤式防毒面具：由面罩导管和滤罐组成，面罩根据大小分 1/2/3/4 四种型号，导管采用螺旋管式，可以旋转和折叠。过滤罐内装有活性炭，用来过滤毒气，但若毒性气体体积占比超出 2%（氨为 3%）时，就不能起到防护作用。

在使用时，先将挎包背好，用导管将面罩与过滤罐连接起来，检查面具的密闭性；用手堵住过滤罐的进气孔，深呼吸，如无空气进入，则面具密闭可用。否则应修理或更换。然后打开过滤罐下塞，做几次深呼吸，如感觉呼吸顺畅，即可进入抢救区。在抢救中如闻到微弱的刺激气体时，应立即离开有毒区域。

在保管时，要将过滤罐的螺帽拧紧，塞上橡皮塞保持密封，以免受潮失效。过滤罐应保存于干燥、清洁、空气流通的地方，严防潮湿、过热。

（3）氧气呼吸器：是一种与外界环境隔绝，依靠自身供氧的防毒面具。使用时，打开氧气瓶阀门，氧气通过高压导气管、减压管，由高压减至 0.25～0.13MPa。经定量孔以 1.1～1.3L/min 的供氧量送入气囊，从气囊送到面罩供给使用者吸气。呼出的气体经过过滤吸收后也进入气囊再供给使用。

2. 抢救药品

（1）柠檬酸，呈淡黄色，可以冲服、漱口，能形成酸蒸汽中和氨。

（2）醋酸，呈白色，既能稀释后漱口又能形成酸蒸汽中和。

（3）硼酸，呈白色，砂黏状，可以清洗眼中氨液，也可从鼻滴中和氨。

（4）烫伤膏，用于氨液溅到皮肤后所形成的冻伤。

3. 抢救设备

（1）手套，在制冷剂大量逸出时，关闭阀门要带上橡皮手套，以防手被灼伤。

（2）防毒衣，它是一种帽、衣、鞋连在一起的抢救服装，和防毒面具配合使用。

（3）消火栓，以消防为主，也能降低氨泄漏时氨的浓度，大量吸收氨，减轻氨的蔓延，但在电气设备较多的场合不宜使用。

（4）灭火器。

3.4 扩大氨制冷剂应用范围的措施

3.4.1 氨制冷剂的使用现状

由于 HCFCs 及 HFCs 制冷剂受限、受控，重新认识和评价氨制冷剂的问题成为世界性的课题。过去，氨的一些危害性被人们不恰当地夸大，尤其在冷冻冷藏、民用建筑空调工程中的应用，受到了思想认识上和各种法规上的限制。在最近的二十多年来，人们充分认识到保护大气臭氧层和减少温室效应气体排放的紧迫性，在寻找 HCFCs 和 HFCs 的替代物和替代技术的过程中，国内外制冷工程界的许多部门和专家重新评价和研究氨制冷剂在制冷空调中的地位和应用。氨用作制冷剂已经有近 150 年的历史，其优良的热物性、零臭氧破坏潜值（ODP）和零全球变暖潜能（GWP）值，势必成为 HCFCs 和 HFCs 替代的主要物质之一。

联合国环境规划署（UNEP）曾经在 1992 年的年度报告中肯定了氨是一种性能良好的制冷剂替代工质；美国环保局认为氨是一种可行的替代工质；ASHRAE 也一直认为氨是一种理想的制冷剂，并始终鼓励和促进氨制冷剂的安全使用，认为氨制冷剂在 HCFCs 和 HFCs 的替代过程中必将起到重要作用；德国政府则建立了一系列有关鼓励和促进氨制冷剂使用的法规和政策；在日本，虽然有政府法规的约束、行政的干预，但有关部门正在进一步研究、制造大型的以氨为制冷剂的制冷机及吸收式冷冻机。

2019 年，全国政协委员、北京二商集团有限责任公司总工程师唐俊杰向全国政协十三届二次会议递交《关于大力倡导使用绿色环保氨制冷剂、保障农产品冷链物流可持续发展的提案》。

只要氨的使用安全性问题得到解决，氨制冷剂的使用范围必将进一步扩大。目前，在食品加工的冷冻、冷藏、饮料冷却、石油化工、气体液化、合成氨、人工溜冰场及工业建筑的空调冷源中氨制冷剂已经得到了广泛的应用；另外，一些有大量余热利用的企业，如化工、冶金和轻工业部门，氨水吸收式制冷机也有广泛的使用；而在民用建筑的空调冷源中，由于过去氨的毒性和可燃可爆性被人为地夸大和误解（导致夸大和误解的主要原因是氨具有强烈的刺激性气味），所以，其使用受到一定程度的限制。

3.4.2　扩大氨制冷剂应用范围的有关措施

2019 年 10 月，商务部、住房城乡建设部、生态环境部指出，"未要求企业替换或者禁止使用氨制冷剂""严格避免产生以氟利昂制冷剂代替氨制冷剂的简单化做法所带来的环境问题"。对于执法标准不统一的问题，将严格按照《涉氨制冷企业执法检查表》开展执法检查，统一执法标准，规范执法行为，及时予以纠正。

采用氨制冷剂替代消耗臭氧物质，具有现实意义。但对于氨的毒性和可燃可爆性必须予以足够的重视，在设计和管理使用制冷系统，特别是涉及民用建筑空调系统时一定要充分考虑相应配套的安全措施。

1. 从设计、施工方面考虑

（1）采用间接冷却、集中供冷的制冷系统（见图 3.4-1）

间接冷却制冷系统的最大特点是避免氨制冷剂直接进入用冷场所，在某些特定情况下，间接冷却制冷系统更有其独到之处。把各冷源集中起来，由氨制冷总站向各用冷场所提供冷源。一般冷冻、冷藏加工系统可采用液氨蒸发—盐水降温的间接热交换模式。

（2）实现制冷装置机组化

实现制冷装置机组化，可以使制冷系统小型化，缩小设备尺寸，减轻重量，尽量避免使用满液式蒸发方式，减少系统氨的充注量，这样就可以降低使用氨的危险性，因为氨的充注量与系统的危险性成正比，充注量越少，安全性越好。当然，要实现制冷装置的机组化，首先必须要进行氨制冷剂的强化传热传质研究，尽可能缩小热交换器的几何尺寸；同时，通过优化设计，使制冷工艺既简单又完善，这样制冷装置的机组化、小型化就可能成为现实。

（3）采用冷风机，取消高压储液桶

冷库取消高压储液桶，系统的储氨量将显减少。即冷凝器出口的制冷剂直接引入循环

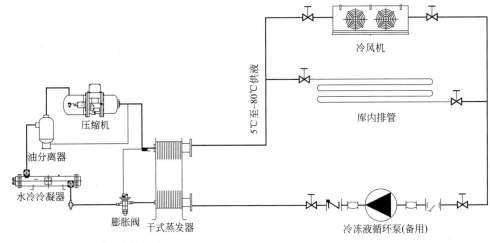

图 3.4-1　间接冷却、集中供冷的制冷系统

桶。我国的冷库传统上采用冷却盘管，由于其传热系数小，需要的传热面积大，这样造成消耗大量的钢材。更严重的问题是冷却盘管的内容积很大，造成系统需要很大的充氨量。由于系统充氨量很大，负荷变化时制冷剂的流量变化也大，就需要有高压储液桶起调节作用。这样，造成大型冷库制冷系统的充氨量动辄数十吨，使安全隐患大大增加。如果取消高压储液桶，使系统内容积减小，大大减少了系统的充氨量，也就减少了安全隐患。

（4）中间冷却器与高压级循环桶合并

在两级压缩系统中，中间冷却器是个必不可少的设备（容器）。冷库将中间冷却器与高压级循环桶合并，即循环桶同时又兼作为中间冷却器。这就减少了系统中的一个储氨设备，使系统的充氨量进一步减少。这样的安装方法使液体管道也减少了，从冷凝器到高压级循环桶（兼中间冷却器）仅一条液体管，管路十分简洁。

系统对高压级循环桶（中间冷却器）的供液采用高压侧控制，在冷凝器的出口设置浮球控制液体和中间冷却器的膨胀阀。

（5）取消排液桶

系统采用热氨融霜，但取消排液桶，将排液直接排入低压级循环桶。这就使系统又减少了一个储氨设备，使系统的充氨量进一步减少。国内冷库设计时，传统上为了方便热氨冲霜操作，通常设置排液桶。目前，热氨融霜将排液直接排入循环桶，或者排入中间冷却器，都有实例。因此，取消排液桶的做法应该引起设计人员的重视。

（6）减少压缩机台数、尽量缩短管道长度

设计选型计算时，尽可能选择容量较大的压缩机，最大限度减少机房与蒸发器的距离，即最大限度地缩短系统管道长度，减少系统的内容积。

（7）完善制冷系统的密封性

要扩大氨制冷剂的使用范围，必须充分考虑其安全性，尽可能减少氨的泄漏，最好做到无泄漏运行。氨制冷机的泄漏部位主要在轴封，为了减少氨的泄漏，除对常用的开启式压缩机轴封进行技术改进外，研究和开发大型半封闭式压缩机，是科研、制造部门当前值得考虑的一个重要问题。

另外，为了减少制冷装置泄漏的可能性，在设计、安装制冷系统时，所有的管道连接尽量采用焊接，不用或少用法兰盘连接，如必须采用法兰盘连接，应注意法兰垫片的品种和质量。系统中不设置可有可无的阀门，对一些控制、关闭阀门采用带密封帽的专用阀。在系统的低压部分，特别是在库房内，不应设置任何阀门，以防氨的泄漏而污染库藏物品。

（8）控制氨机房的氨蒸汽浓度，保证安全运行

氨制冷装置可以实现半露天化，除了压缩机等主要机器设备安装在机房内，把其余设备设置在室外。机房的屋顶最好设置通风气楼，并要注意朝向和周围开阔，务必获得良好的自然通风和天然采光条件。

为了保证操作人员的安全，机房内主要通道不宜过长，最好不超过 12m。超过 12m 的机器间应设置两个以上互不相邻直通室外的门。设备间需设一个门。机房侧窗宜分高低两排，窗孔的采光面积不宜小于地坪面积的 1/7，机房所有的门、窗应朝外开启，以便发生危急情况时易推门离开机房。但要注意门、窗不要直接开向生产性车间或办公用房。

（9）设置氨系统的泄漏预警系统

机房内氨的浓度应控制在 25mg/L 以下，这样的机房工作环境可以认为是安全的。因此机房内应有机械通风换气和事故排风设施。事故排风机应采用防爆风机，防爆等级为 ExⅡAT1。当系统检漏装置如检测到机房内有氨泄漏后，泄漏预警系统能分两个阶段自动进行处理：第一阶段，系统会将机房内的混合气体通过消防系统管道排放至远离建筑物的高空，与此同时，把警示信号通知机房操作管理人员。第二阶段，如果泄漏预警系统监测到机房内的氨制冷剂浓度继续升高，就接通警报器电路，同时关闭机组电源，使制冷系统停止运行，而只让照明和通风系统照常工作，见图 3.4-2。

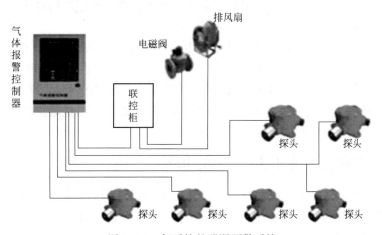

图 3.4-2　氨系统的泄漏预警系统

值得一提的是：国内外大多数氨制冷系统均设置紧急泄氨器，目的是当发生紧急事故时，通过紧急泄氨器把氨迅速溶解于水后排放至下水道，而不直接释放至大气中。笔者认为氨制冷系统设置安全阀后，没有必要再设置紧急泄氨器，原因是国内外很少有因为战争或火灾等而操作启动紧急泄氨器的报道；其次，系统设置紧急泄氨器后，要设置相应的管道和阀门，从而增加了泄漏的可能性。且一旦发生误操作，势必造成大量氨液外泄，给企

业带来不必要的经济损失，对周围环境、水域等造成严重的污染。

2. 从操作管理方面考虑

严格按照操作规程来操作、管理氨制冷装置是非常必要的。熟练的操作和定期保养制度是防止氨系统泄漏的最有效措施，也关系到氨制冷系统安全、合理地运行。制冷系统中的安全装置和设施，是为了保证系统正常运行、防止事故发生，但绝不能认为有了安全装置后就不会发生事故了。这是因为安全装置还是需要由人来管理。事实上，由于错误操作或操作不当或违反安全技术规程而发生事故时有发生。

（1）企业要对操作人员进行各种技术培训，严格氨的使用、操作、维护规程，配备必要的防护设备，如检漏器、防护服、防毒呼吸面具及急救药箱，以备急用。严格执行防火安全制度、防泄漏制度及事故抢救制度，确保操作管理人员的安全和健康。

（2）操作管理人员要严格执行技术操作规程，值班时间应做到勤看、勤听、勤摸、勤检查，发现有泄漏情况要分析原因，立即采取适当的措施，必要时应停止系统运行，检查泄漏原因并及时排除。

3.5 氨冷库事故实例分析

氨制冷剂具有一定毒性，且易燃、易爆或引起人的窒息，在有些环境下工作具有一定的危险性，这就要求确保系统的安全运行。为了确保冷库制冷系统的安全生产，保障操作人员的安全和健康，避免不必要的经济损失，不仅要对冷库工程有正确的设计，对设备材料有正确的选择，有规范地制作安装，认真地试压检漏，而且要求制冷操作人员必须具有一定的制冷技术知识，对制冷设备的结构和工作原理要有全面了解，并能正确操作使用；对制冷系统的操作调整要熟练并且要认真负责。操作管理人员应严格遵守各种操作规程和规章制度，才能对各种安全事故防患于未然。

据了解，目前冷库安全事故各地常有发生，产生事故的原因很多，有管理上的原因；有设计、安装的原因；也有设备材料质量的原因，但主要还是操作管理人员的误操作原因。下面通过搜集到的一些冷库发生安全事故的实例，希望能引起制冷行业设计人员，以及操作管理人员的重视，能从这些事故案例中吸取经验教训，尽量避免各种安全事故的发生，减少不必要的人员伤亡和经济损失。

3.5.1 不遵守制度、工作不认真引起的事故

【实例1】 多年前福建省某县冷冻厂，晚上12点交接班时间到了，当班机房操作工人有的先下班，剩下一人打电话给厂里宿舍的下一班组工人，通知赶快过来接班。接电话的下一班工人讲："好的，知道了。我们马上就过去。"上一班的工人打完电话，下一班接电话的人员迷迷糊糊又睡着了。结果该厂机房机器开着，但没人值班。到凌晨4点多，下一班工人睡醒起来姗姗来到，正好碰上一台6AW-12.5压缩机发生严重倒霜事故，敲击声很大，马上停止压缩机运行。事后经拆卸检查发现，压缩机有4缸的活塞、气缸套、阀片都敲碎了，还好氨气没发生泄漏。这是一起交接班制度引起的严重事故。

【实例2】 福建省泉州市某冷冻厂，某天晚上8点多机房的一台6AW-12.5压缩机发生严重倒霜的炸缸安全事故。事故的原因是值班人员都到附近食堂看电视，机房里无人值

班，等发现机房压缩机有异响时，值班人员跑过去发现已严重倒霜，赶紧把压缩机停止运行，事后拆机检查，发现压缩机缸套、活塞已严重敲碎，该事故造成较大的经济损失，严重影响生产。还好发现得早，否则迟一步发现，将发生机体损坏，氨气泄漏，后果更是严重。这是一起操作人员没遵守岗位制度引起的安全事故，这种脱离岗位的教训要引起重视。

【**实例 3**】　福建省三明市某冷冻厂，一次一台 4AV-12.5 压缩机运行时发生湿行程（"倒霜"），因操作人员离岗不在现场，没能及时对系统操作调整（脱岗时间可见不短），结果产生严重"倒霜"造成压缩机连杆与活塞拉断，活塞和缸套、阀片破碎，两个缸气缸盖炸开飞向机房顶棚，氨气严重泄漏。但操作人员不在机房现场，所以没发生人员伤亡事故，但该事故严重影响生产，经济上也受到很大损失，给社会造成不好的影响。

好多冷冻厂压缩机发生湿行程（"倒霜"）事故，都往往是因氨机操作人员长时间离开机房，当制冷工况发生变化而没有能及时对制冷系统操作调整而造成"倒霜"事故。因"倒霜"产生的事故在平常事故中所占比例较大，操作人员只要不离开岗位，能认真操作调整，压缩机"倒霜"现象是完全可以避免的。各地发生的压缩机"倒霜"事故仍然较多，因此应引起操作管理人员的足够重视，避免"倒霜"安全事故的发生。

【**实例 4**】　河南省某冷冻厂，一天晚上一名值夜班的氨机操作人员在值班时睡觉，被一不正常的响声惊醒后，发现油压表没有油压，他赶紧停车，但为时已晚，由于缺少润滑油，烧瓦抱轴，使一台 4AV-12.5 压缩机曲轴报废，造成很大的经济损失。

从上述安全事故实例中，给我们以下几点启示：

（1）机房值班人员每班安排一个人，不符合安全生产要求。根据各厂不同情况，一般要求每班组应 2 个人以上。因当班操作人员有时要吃饭、上厕所、到月台了解进出货情况、到库内检查库温及排管结霜情况等，不要为了节省人员费用，结果造成更大损失。

（2）从该公司的事故中看出，该公司如有规章制度，也是形同虚设，才会出现压缩机在运转，值班人员却在睡觉的现象。该公司估计长期如此，致使事故发生。

由于该公司制度松懈，就反映到设备检修不到位。该事故没说明油压是由没润滑油引起，还是由油路堵塞等原因引起。但从中可看出，平时对设备正常检修工作做得很不够。希望有关人员从中吸取经验教训。

【**实例 5**】　江苏省某 2500t 冷冻厂高温库采用 KLL-350 型冷风机左、右式各 4 台，原设计采用热氨及水融霜方法。因供水系统压力不稳，水量不足，融霜不干净而全部直接采用热氨融霜，融霜一次时间长达 30～45min，融霜压力操作时又未按融霜制度执行，有时融霜压力高达 1.2MPa。该厂由于投产多年，保温层损坏，又长期没维修，造成管道变形，冷风机严重移位 13cm，支撑点扭曲变形 20°，管道吊点也被牵动变形。由于保温脱壳和开裂，当热氨融霜时，造成库内温度有较大波动和回升，使库内水果的干耗增大，库房耗能也增加，不得不停产整修，既影响生产，又增加维修费用。

【**实例 6**】　福建省晋江市某冷冻厂，四周紧挨着居民区，某天晚上机房操作人员都到办公室看电视，机房里没人看管。附近一居民路过机房，听到机器声音与以往不同，就及时向办公室人员反映，操作人员得知后急忙赶回机房，此时已发现 S8-12.5 压缩机严重"倒霜"，赶紧停机处理。事后拆机检查，发现压缩机活塞、气缸，吸、排气阀片等已严重敲碎，曲轴、连杆已变形，还好氨制冷剂没发生泄漏。这也是一起没遵守岗位制度引起的安全事故。操作人员长时间离开岗位因倒霜造成设备严重事故的事例很多，应深刻吸取教训。

【实例7】 福建省石狮市某冷冻厂，一次一位新工人在拆卸一台 8AS-125 压缩机旁边的一个气缸盖时，错误地把气缸盖上的螺母螺栓全都卸掉，正巧仍没发现气缸盖松动，就用螺钉旋具（螺丝刀）去撬，突然缸盖被安全弹簧弹飞出来，扎在人的身上，人员当场倒地受伤昏迷。这起事故是缺乏检修常识所致。在拆卸压缩机的气缸盖时，除了应将水管连接管拆下，然后把气缸盖螺母松掉，松螺母时两窄边各有一根长螺栓的螺母要最后松，对角的螺母要平衡进行松动，使气缸盖随弹力升起。如果发现气缸盖弹不起来时，应注意螺母不要松得过多，用螺钉旋具轻轻地从端面撬开，这样就可防止气缸盖突然被弹出。对新工人来讲，不要以为拆卸气缸盖没什么，检修不专心，稍微不认真同样会出事故。

3.5.2 不按压缩机操作规程操作引起的事故

【实例1】 福建省泉州市某冷冻厂，某日当班操作人员开启一台捷克进口单级 40 万大卡压缩机，压缩机刚启动就发出"呼"的一声，操作人员赶紧停机。事后经检查发现原来开机前没打开压缩机的排气阀，还好压缩机上的安全阀起作用，否则后果严重。这是一起操作人员没按照操作规程操作引起的不该发生的操作事故。因没按操作规程发生误操作的事故不少，为了减少操作人员的操作失误，有些厂在压缩机上的阀轮上挂有小红牌或小黄牌，牌上写有开或关，这样比较直观，可尽量避免误操作引起事故发生。

【实例2】 福建省晋江市某水产开发公司冷库，有一次压缩机刚开机时，由于开机时没认真按操作规程进行，开机前没有打开压缩机的排气阀就启动压缩机，上载后排气压力升高，机上安全阀没跳开，造成气体顶开气缸盖，冲破气缸盖垫片，从一个薄弱缺口喷出，喷出缺口方向正好对着一名在操作平台调节站前的氨机操作人员（约有 4m 远），操作人员躲避不及随即氨气中毒倒地。待压缩机停机后，其他当班操作人员马上将该受伤人员背离现场，并做简单处理后送往医院救治。这也是一起工作责任心不强，没按操作规程开机引起的安全事故。据事后了解，该开机操作人员以为压缩机的排气阀已被其他操作人员打开（阀门上没挂红、黄指示牌），因此发生了这起不该发生的误操作重大责任事故。

【实例3】 福建省泉州市某公司冷库，新库开始降温已好几天，一次开机不久发现压缩机排气温度与排气压力比正常值高很多，操作人员一时查不出什么原因，就赶紧叫冷库安装工程人员过来（设备安装人员还在安装制冰设备），经现场检查发现压缩机运转确实正常。后来安装负责人员询问操作人员冷凝器运行情况怎么样，操作人员才发现蒸发式冷凝器还没开启，将蒸发式冷凝器投入运行使用，排气温度和排气压力就逐步恢复了正常。这是一次违反开机规程的事例。操作人员开启压缩机的操作规程应严格执行，马虎不得。上述事例还好及时发现，及时处理才没造成严重损失。

【实例4】 福建省泉州市某罐头厂冷库，有一天一台压缩机在运行时，因回气压力高，要增开一台压缩机，一位操作人员启动一台 S8-12.5 压缩机，以为这样就没事了，正好笔者在旁边看到压缩机冷却水漏斗没水流动，才提醒她压缩机没开冷却水，她才恍然大悟，赶紧打开冷却水阀。压缩机操作规程很重要，开启压缩机应按步骤进行，粗心大意容易出事故。此事要不是及时提醒，也可能会发生安全事故。

【实例 5】　福建省泉州市某冷冻厂，有一次一台 8AS-12.5 压缩机开机时没开冷却水出水阀，不久机头冷却水塑料软管因水温高软化脱落，水喷出来才发现（该机没接水漏斗）。还好发现及时，否则将发生安全事故。可见机房操作人员不能离开岗位的重要性。操作人员要做到"四要""四勤"及"四及时"，才能尽量避免事故的发生。

【实例 6】　2006 年盛夏某日，浙江省某地某冷冻厂因电力扩容需停电安装设备。当时 3 台 8ASJ17 型制冷压缩机正在执行降温任务，随即制冷压缩机停止了运行。停机时压缩机低压级排气温度 112℃，高压级排气温度 132℃，2h 后恢复供电，随即开启机器，在开启过程中，其中一台制冷压缩机发生了敲缸事故，拆开机器发现高压级一只活塞已咬死在气缸内，造成气缸破裂。事后，对这起事故原因分析认定，属操作人员未按停机规程操作，疏忽大意，造成了设备损坏的安全事故。当停电时压缩机冷却水塔也停止了工作，由于压缩机气缸、冷冻油都没有得到很好的冷却，气缸内壁润滑效果下降，使活塞在高温下"涨死"在气缸里。根据压缩机停机操作规程，制冷压缩机停机 5~10min 后才能停止冷却水的工作。如果碰到突然停电，特别是夏天，排气压力和排气温度较高时，在短时间内如果要重新开启压缩机，一般应比正常开机时压缩机冷却水多开一会儿，空载启动压缩机到正常后再负荷投入降温工作。有备用机时也可采用新机工作，如有备用电源，可及时开启冷却水系统，避免此类事故发生。

3.5.3　操作失误引起的事故

【实例 1】　福建省晋江市某冷冻厂，某日操作人员对一间冷藏间进行冲霜操作。据事后了解，当时冲霜压力有 1.0MPa 多，冲霜进行不久，忽然一个氨气液分离器发生爆炸裂开，裂口喷出的氨气正好对着一支石柱，造成柱子断裂，附近的三个操作人员氨气中毒受伤住院。受伤人员最后虽然是平安出院了，但事故严重影响了工厂的正常生产，给社会和客户产生不良影响，给厂家造成很大的经济损失。这起事故，除了与设备是旧设备有关以外，直接原因可能与操作人员阀门开启速度过快、热氨冲霜压力过高有关系。对制冷系统进行冲霜时应缓慢加压，冲霜压力一般控制在 0.6MPa 以下，不得超过 0.8MPa，确保安全。如果蒸发排管长时间没冲霜，排管结霜较厚时，应以人工辅助扫霜，而不能随意加大热氨冲霜压力。

【实例 2】　福建省晋江市某建在居民区旁边的一家冷冻厂，夏天某日上午用氨瓶（规格 40kg/瓶）向新建的制冷系统加氨液。到中午时只剩一瓶氨液还没加进制冷系统，而该氨瓶竖放在太阳下，操作员人员都回去吃饭。由于钢瓶在阳光下暴晒，瓶内氨制冷剂受热体积膨胀，不久氨瓶发生爆炸，氨气喷出产生后坐力使氨瓶飞起落到海中。这真是不幸中的大幸，该厂四周有三面是都是居民，一面是海。要是换一个方向落到居民的房子里，氨气泄漏出来，后果不堪设想。这是一起对氨常识缺乏了解、加氨操作严重失误造成的安全事故。对有时用氨瓶加氨的厂家，操作人员应认真应对，不要犯同样的常识错误。

【实例 3】　安徽省六安市某冷库进行补充氨液操作，当加到第二瓶氨液时，发生氨瓶爆炸，造成一人死亡、一人重伤。通过调查，这次加氨液共用 4 只氨瓶，当天停电，等到第二天下午 1 点才再加氨。加氨第一天气温是 25℃，第二天加氨时为 32℃，并且有一只氨瓶超量灌装，发生爆炸的就是这一只氨瓶。

（1）事故分析

查氨的热力性能表得知，当外界温度为25℃时，氨瓶中的液体比容为1.659dm³/kg，温度每升高1℃，压力增加1.68MPa。而在加氨时，外界温度为32℃，温度升高了7℃。瓶内压力增至7×1.68＝11.76MPa。按《气瓶安全技术监察规程》TSG R0006—2014，氨瓶的工作压力是2.9MPa，其安全系数是工作压力的3.5倍，即2.9×3.5＝10.15MPa，而钢瓶的破坏极限为10.2MPa。所以氨瓶在超灌氨液的情况下，当温度升高时很容易发生爆炸。

经多位专家现场观察、测量、分析和研究后，一致认为：从氨瓶爆炸后的形状来看，是先塑性变形后爆破，不是低压力破坏，母层的断口材料韧性良好，爆炸与材质和制造厂无关。因此，断定氨瓶的爆炸是氨瓶充氨量过多而引起的。

（2）氨瓶内压力变化的规律

当氨瓶内未装满氨液时，瓶内是呈气、液两相状态。当气、液两相达到平衡时，气态氨和液态氨的压力相等。只要在氨的临界温度134.4℃以下，且瓶内有气、液两相存在时，压力肯定相等。当瓶内充满氨液时，瓶内基本上是液相，而氨液的压缩性比气态氨小很多，当温度升高时瓶内压力会大幅升高。

（3）氨瓶使用和注意事项

1）严禁过量充装，按规定氨瓶氨液容积不得超过80%。氨液是有腐蚀性、有毒的物质，加氨液操作时必须注意安全，操作人员必须按加氨操作规程严格执行，避免事故的发生。

2）夏季氨瓶不可放在阳光下暴晒，应放在阴凉处，与明火的距离一般不得少于10m，并且要采取可靠的防护措施。

3）存放氨瓶的仓库内不得有地沟、暗道，不得明火和其他热源，仓库内应通风、干燥、避免阳光直射；储存仓库和储存间应有良好的通风、降温等设施，并且严禁任何管线穿过，避开放射性射线源，应保证钢瓶瓶体干燥。

4）凡运输的氨瓶，应装有防振橡胶圈，氨瓶要固定好，防止振动和意外碰撞、跌落等，使钢瓶内制冷剂压力急剧增高，超过钢瓶强度极限而发生爆炸，因此必须轻装、轻卸，并且禁止押运和搬运人员在车上和加氨现场吸烟。

【实例4】 2008年5月，湖南省某县某冷冻厂，一次一台液氨槽车进行卸氨作业，操作人员将橡胶软管连接后，打开液氨槽车的卸氨阀和系统氨液进入连接阀。开头卸氨很正常，为了加快卸氨速度，操作人员将槽车的卸氨阀开至最大，几秒钟后，卸氨橡胶软管发生破裂，液氨严重泄漏，造成4人死亡、17人中毒受伤。操作人员只求速度，不懂安全操作程序的操作失误。这种血的教训应引以为戒。在每次对制冷系统加氨液时，操作人员都要认真对待，慎之又慎，以避免事故的发生。

【实例5】 辽宁省某地某冷冻厂，机房某操作人员发现一个氨储液器的液面计有氨泄漏情况，便对其检修。在进行拆卸液面计玻璃管上端的压紧螺帽的过程中，由于内力和外力的共同作用导致玻璃管爆裂。由于检修前没有关闭液面计的上下的阀门，造成大量氨液泄漏，维修工躲避不及，导致中毒，经抢救无效死亡。这是一起违规错误检修引发的安全事故。这种不关阀门就维修的行为是十分错误的，应吸取深刻教训，杜绝类似事故的发生。

【实例 6】 某地某冷冻厂某天一台 8ASJ-17 双级压缩机，高压缸排气温度 125℃，中压较同时运行的另一台双级压缩机低 50kPa，操作工认为中间冷却器浮球阀"不灵敏"，便将直接膨胀供液阀打开。隔 1h 左右，高压缸倒霜敲缸，吸气温度 -14℃，排气温度 32℃，低压级排气温度 98℃，中间冷却器金属指示器结厚霜。工人调节卸载装置，关小低压吸气阀，发现仍然有霜，便停机；然后将中间冷却器液体排至低压循环贮液器，直至中间冷却器液面在 1/2 高度以下。经盘车过重，打开压缩机放空阀减压，再盘车，认为不重。开机后，立即听到 5 号、6 号缸发出敲击声，紧急停车。此时低压级排气压力 0.3MPa，高压级排气压力 0.2MPa。经拆检后发现 5 号缸排气阀片缺损一块（已无踪影），阀片上有结炭。活塞顶部油迹呈黄褐色，活塞销座以下的活塞体被打碎。活塞上部卡在缸套的上部。事后查机房日志，发现事故发生前几天该机已比邻近一台双级机的中压低 50kPa，操作工调节阀门既未与班长联系，也未做到勤听、勤看、勤摸及勤走动，因此没发现低压缸的异常现象。5 号低压缸排气阀片的断缺，使中压气体反复压缩，温度升高，活塞涨缸、拉毛，造成该缸排气温度升高，润滑油结焦。当高压缸因操作不当时，中间冷却器液体过多引起高压缸敲缸，5 号低压缸骤然受冷收缩，卡住活塞。接着待按常规处理高压缸倒霜，经过两次排液后，操作人员认为正常后重新开机，结果不久出现连杆拉断，并打碎了活塞的事故。该事故告诉我们，操作人员应提高对系统的操作调整水平，应不断总结、交流和提高操作经验，尽量避免因操作不当引起"倒霜"而发生安全事故。

【实例 7】 山东省某蛋品厂冷库，一次对某高温库蒸发器进行抽真空操作中，操作人员本来应打开该库的抽气阀，却打开了急冻库高压液体总管的抽氨阀，使高压液体窜入压缩机气缸，产生严重液击（倒霜），引起压缩机气缸爆炸，造成死亡 1 人，2 人重伤。这是一起操作人员失误操作引起的事故。操作人员平时对制冷系统应十分熟悉，各个阀门应加以标记，要爱岗敬业，加强工作责任心，避免此类事故发生。

【实例 8】 2010 年 5 月，福建省惠安县某公司冷库一台 S8-12.5 压缩机发生倒霜，因操作人员擅离岗位不在机房，待发现时问题已较严重，操作人员迅速关闭回气阀，停止压缩机运行，但错误地把压缩机的曲轴箱油冷却水管也关闭，造成冷却水管内的水结冰冻裂水管。这是一起原本不该发生的事故。可见该公司对新工人的专业培训做得很不够，一碰到较常见的倒霜现象就手忙脚乱，不能正确操作处理。操作人员应加强学习，业务上应相互交流，提高技术素质，杜绝事故发生。

【实例 9】 河南省某地某冷冻厂，一次操作人员在更换氨泵压力表时，违章作业，没有关闭氨泵排液阀门就开始拆卸压力表。由于用力不当将压力表管扭断造成氨气严重泄漏。由于防毒面具损坏、失效，抢救人员惊慌失措，未能采取有效的抢救措施，造成死亡 1 人、伤 1 人。这起事故给我们的教训是：

(1) 机房防毒面具配备应齐全、有效，使其处于完好状态。

(2) 机房要备有一定的食用乳酸和醋酸溶液，或食用醋。

(3) 对氨机操作人员应有必要的安全培训。

(4) 机房应制定应对突发事故的应急预案，平时应有教护演习，以增强对事故的应变能力。

【实例 10】 四川省某地某冷冻厂，一次有一配组双级压缩机在工作，机房由一个新员工值班。由于他向中间冷却器供液过多，造成高压级压缩机出现湿行程（倒霜）敲缸。

这时这个新员工不能正确处理，不知所措，便离开机房跑回宿舍叫来正在睡觉的老师傅。当他们跑回机房将将压缩机紧急停下来时，压缩机器气缸、活塞等已经严重损坏，敲成碎片，连安全弹簧都被拧成了"麻花"。经济上受到损失，并且生产上也受到影响。很明显这是一起操作不当、不懂得如何处理故障、不能独立操作的新员工所造成的事故。新员工上岗前应作必要的岗前技术培训，上岗后要跟班一定时间，视工作能力才能值班。根据工厂情况，一般机房值班都要两人以上为好，让不懂操作调整的新员工一人单独值班，这是管理松懈，安全意识薄弱，是对工作不负责任的体现。相信通过这起事故，能从中吸取教训，健全有关规章制度，加强管理，尽量避免安全事故的发生。

【实例11】 福建省泉州市某地一冷冻厂，2009年夏季某天晚上10点多，机房中间冷却器的安全阀严重泄漏氨气，因及时发现，立刻采取相应应急措施，没有造成伤亡事故，只损失部分氨液。经查该事故原因为晚上6点多压缩机停机后，中间冷却器的液面手动供液阀没有关闭，造成中间冷却器与高压系统连通，因夏天压力较高，加上安全阀有一定问题（新阀门系统试压时阀门关闭，试压后再打开），结果中间冷却器压力升高，从安全阀泄漏出去。

目前制冷系统常出现一些阀门忘记打开或关闭的安全事故，应引起操作人员的重视。除了对各种阀门该修的要修，该换的要换以外，操作时切勿粗心大意造成不必要的事故发生。

【实例12】 江苏省某冷冻厂，夏天的某一天机房操作人员为确保停机后系统在夜间不发生泄漏，将低压循环储液器液体管路前后两端阀门同时关闭。因被两端阀门封闭的液管内制冷剂受热膨胀，不久其管内压力超过阀门的最大许可压力，导致氨阀门薄弱点爆裂造成严重的氨泄漏事故。该事故告诫我们：操作人员应加强对制冷系统和设备的深入了解和熟悉，应加强技术交流和本职业务学习，不断提高技术素质，才能避免各类事故的发生。

【实例13】 某地一家冷冻厂，一次对某冻结间融霜完毕后恢复对该冻结间供液降温。半个小时后压缩机气缸部位结霜，声音低沉，倒霜严重。及时停机检查，发现当冻结间恢复供液时未启动冷风机风扇，致使氨液进入冻结间蒸发管组汽化量少而大量返回低压循环储液器，压缩机吸入大量湿蒸汽制冷剂引起湿行程（倒霜）。所幸机房有人值班，操作人员能及时发现，才避免一起安全事故的发生。

3.5.4 违规检修引起的事故

【实例1】 福建省泉州市某县市场内的一个冷库，一次请无资质的安装维修人员对制冰池螺旋式盐水蒸发器进行焊接维修，曾反复用氧气试压试漏。蒸发器没发现泄漏后把氧气放掉，但系统氧气没排除干净。制冰池紧邻机房，氧气瓶就放在机房门口，该机房紧邻市场，采光及通风都较差，机房空气中可能弥漫着大量氧气，当用氨压缩机抽真空时，刚启动压缩机，排气阀就发生爆炸，紧接着压缩机房的混合气体也发生爆炸燃烧（附近人员听到两次爆炸声）。机房内的4个安装检修人员当场死亡。这是一起违规用氧气试压造成的严重事故。本该用氮气试压试漏，却采用氧气，才酿成如此重大且不该发生的事故，造成重大经济损失和不良的社会影响。

【实例2】 福建省三明市某冷冻厂，一次在新制冷系统投产前试压试漏中用氧气试压。同样产生压缩机发生爆炸，造成 1 死 1 伤。

【实例 3】　福州市某公司的一个小冷库，在安装试压时也是用氧气试压，同样造成设备爆炸事故，所幸没造成人员伤亡。

【实例 4】　江苏省苏北某冷库，也是缺乏基本的安全常识违规操作，采用氧气试压试漏，引起压缩机发生爆炸，门窗玻璃全部被震碎，火焰从门窗窜出，造成操作工人及安装人员 2 死 3 伤的惨重事故。

【实例 5】　1988 年 5 月，浙江省舟山市某冷冻厂请来一位修理工对某系统检修，也是使用氧气代替氮气进行试压，由于试压后氧气没排除干净，导致开启压缩机时发生爆炸，造成一人死亡、多人受伤的重大安全事故。

【实例 6】　2004 年 5 月，辽宁省沈阳市某冷冻厂，在对系统氨气管道进行泄漏维修焊接过程中发生爆炸，造成 1 人死亡、3 人受重伤的重大安全事故。该厂为新建的冷冻厂，在安装调试后发现氨气管道有氨气泄漏现象，为了找到泄漏点，在没有排空氨气的情况下，错误地充入氧气进行加压查漏。发现泄漏部位后，又在没有对该管道进行任何处理的情况下，直接对泄漏点进行补焊，由于管道内含有氨气和氧气的混合气体，遇到电焊火花便发生了爆炸。

事故调查发现，该厂负责人盲目指挥，安全意识淡薄，不懂氨制冷剂的基本安全常识，加上维修焊接人员无证上岗，没经过必要的安全教育和培训。这些都是导致发生爆炸事故的客观原因。

【实例 7】　对制冷系统用氧气试压试漏造成事故的还有很多。如上海市某冰箱在系统试压时因用氧气试压而发爆炸事故；江苏省南部某医院空调系统冷冻机试压时，虽然及时发现用氧气试压有错误，便放掉系统中的氧气，但实际上系统中氧气并没有放尽，开机时残余氧气遇上高温便引发了爆炸。

以上事故都是违规操作引起的，因此应引起冷冻冷藏行业及有关安装队伍的重视，加强对操作人员的安全知识教育，严格规章制度，才能杜绝这类恶性事故的发生。

3.5.5　安装、材料设备及操作引起的事故

【实例 1】　江苏省某冷库冻结间冷风机一次采用热氨融霜，冲霜压力为 0.6～0.8MPa，仅 2～3min，发现库内严重漏氨，经查是冷风机回气集管有裂缝造成泄漏。分析认为是焊接质量不符合要求，另一方面是融霜时热氨阀开启过快，冷热温差造成管道的温度应力很大，加上融霜前后压差较大，推动管内液体引起"液锤效应"，致使管道薄弱部位破裂引起严重漏氨。虽然没造成人员伤亡，但生产受到很大影响，经济上也受到很大损失。

【实例 2】　陕西省某县冷库，一次某间冷库的蒸发排管集管封头爆炸，引起大量氨气泄漏，造成几万元的经济损失。经分析，操作方面的原因是，压缩机停车前未将排管内的氨液抽回贮液器，而是将氨液供入排管，并且关闭了回气阀。停机后，由于蒸发排管内的大量液体继续蒸发，压力上升，引起横集管分离器一端封头裂开。事后检查，集管封头制造上也不符合要求。封头钢板应为 8mm 厚，实际采用的是 4.5mm，而且没有用缩口焊接，焊缝高度和宽度也不符合标准。采用不符合要求的材料，进行不规范的焊接，加上操作人员错误的操作，安全事故自然难免。

【实例3】 福建省泉州市某制冰厂，投产不久氨储液器通往紧急泄氨器的阀门发生炸裂，整个系统氨液全部跑光，虽然没造成人员伤亡，但该厂因设备缺乏维修和管理不完善，被有关部门责令停产整顿，不但造成经济上受到很大损失，也造成社会上的不良影响。后来经检查，发现阀门是从阀体上裂开，阀壁太薄，属不合格产品。有些阀门厂家，为了降低成本，把阀体做得较薄，存在着安全隐患。选购阀门应选用较好品牌、有资信的厂家。

【实例4】 江苏省某县高温库有6AW-12.5和4AV-12.5压缩机各一台。一次用4AV-12.5做系统检修后试漏排污，开机10min后，排气压力表显示为0.79MPa，并不再升高。5min后操作工人发现压缩机声音沉闷，正准备紧急停机，该机后侧两缸中间约有3cm长气缸盖垫片被压缩机气体冲破向斜上方喷出，墙面涂层被击掉1.5m²左右，此时注意到冷凝器压力显示为1.62MPa。该厂另有一次6AW-12.5压缩机在正常运行时突然中间两缸的缸盖垫片前侧约有2cm被冲破，造成漏氨事故，此时排气压力仅为1.03MPa。事后经检查，缸盖耐油石棉橡胶垫质量不合格，并已老化变硬。该厂两次事故均为劣质垫片所致。但笔者认为冷凝压力达到1.6MPa也是够高的，应尽量降低冷凝压力。

【实例5】 浙江省某县冷库，因厂方购置较差的无缝钢管作库房蒸发排管，在安装试压时就发现管子有裂缝，没有引起厂方足够重视及时更换无缝钢管，而是将20cm长的裂缝草草焊接。结果在投产后，发生该焊缝再次破裂氨气泄漏事故，造成十几万元的经济损失。蒸发管出现裂缝的补焊，不是一般的焊接，一般做法是将裂缝两端各钻一个直径大一点的孔洞，再进行补焊，不然可能还会出现两端继续裂缝。如果裂缝较长，最好是截去裂缝处管道，更换一段新管。

【实例6】 辽宁省某冷冻厂冻结间的冷风机，因当时正值生产旺季，冻结任务大。一次为了缩短周转时间，操作人员发现冷风机排管结霜，于是便关闭了该冻结间的供液阀等阀门，用大量水对冷风机迅速冲霜。结果不到5min便发生了该系统卧式氨气液分离器的爆裂。分离器端盖封头从焊接处断开，封头飞出十多米远。造成5名工人受伤及十几吨产品被氨气污染。事后分析认为，冻结结束时，因操作不规范，冷风机内还有大量氨液，经用大量水迅速冲霜，氨液大量蒸发，压力传到卧式氨气液分离器，产生压力升高，因无处泄压，就在封头应力薄弱处爆裂。检查氨气液分离器炸飞的一端和封头，发现封头与筒体的焊接没有按技术规定要求去做，没有采用开坡口焊接，而是采用平焊。焊接强度不够，不能承受应有的破坏压力，才造成破裂。

【实例7】 1988年7月，福建省晋江市某冷冻厂刚投产十几天，一个直径800mm、长度3m的高压储液器（非标准产品）突然发生爆炸，贮液器的端盖飞出近20m，罐内的氨液和氨气高速喷出，直接喷向门口正在人工碎冰准备给渔船加冰的员工，造成5人死亡，34人受伤。这起事故既造成很大的经济损失，在当时也产生很不好的社会影响。事后经检查，这只氨液储液器是其业主凭经验口头授意无制造压力容器许可证的某农械厂非法制造的。该贮液器既没有设计图样，也没有任何制造工艺和检验检测手段。焊接贮液器的焊工没有焊工资质证。焊接结构采用搭接形式，采用平板封头和圆筒体焊接，而不是用圆弧封头。焊接时电流偏小，焊缝几乎全部未熔合，纵向焊缝存在严重的"未焊透"现象，制造质量低劣。在安装试压时就发现该贮液器有泄漏曾焊补过。该厂冷库安装单位既没有资质，也没有到有关单位登记报备手续，操作工人也未经专业培训，机房没有制定设备操作规程和制度，也没设操作登记本。事后调查据操作人员讲，当时冷凝压力估计有1.6MPa多。

【实例8】　河南省郑州某工厂有两个4.94m³的高压贮氨器，其中一个贮氨器当年11月使用，12月初发现封头和筒体焊缝区开裂达130mm，于是补焊。在次年1月初发现，在补焊处的焊缝又再次开裂15mm。补焊后再次投入使用，1月25日该焊缝又一次开裂30mm长。发现后及时报废处理。

另一个同一制造厂生产的储氨器1月27日安装投入使用，3月2日发现封头下部焊缝附近有泄漏现象，未采取有效措施，储氨器于3月4日发生爆炸，所幸没发生人员伤亡，但造成直接经济损失20多万元。这是一起制造厂家制造工艺中存在严重缺陷引起的事故。设备产品低劣，给厂家带来安全隐患，对存在质量问题的设备，应及时向设备生产厂家反映，能维修的尽量维修，该换的应及时更换。

【实例9】　福建省某冷冻厂冻结间的蒸发器采用落地式冷风机，冻结间使用手推移动式货架车，一次冻结结束正在出库时发生漏氨事故，后来经查是货架车上的鱼盘由于振动掉下来碰到冷风机的排污阀手轮上，造成漏氨事故，使货物受污染，造成经济上的损失和不良影响。有的制造厂家早期制造的设备有设置这个阀门，有的是安装时另接的排污阀，有些冷库速冻间搁架式蒸发器也设有排污阀。如果在库内设有阀门的话，在投产后该阀门的手轮一定要卸掉，以免发生漏氨事故。

【实例10】　1981年4月某日晚上9点，广东省某肉联厂一台氨压缩机在运行9h后，突然发出强烈的敲击声，操作人员立即跑过去按电控屏上的"总控"按钮，但机组没停下来，他又奔回压缩机旁，把机器卸载为零挡，但仍不见压缩机停止运转。好在此时一位副班长跑来，按下总控制屏上的"停止"按钮，才把机器停下来。次日维修人员对该机进行空转检查，发现第一组有敲击声（声音不大）随即停机。经拆机检查发现这台8AS-125压缩机被严重击烂，2号缸损坏最为严重，连杆被拉断，一只被扭断。连杆断成七截，连杆大头瓦严重变形，合金已被打碎，假盖出现裂纹，气缸位于曲轴与吸入腔的间隔，靠近2号缸被打裂，呈"r"形裂纹，总长153mm。2、3、4号缸连杆大头瓦亦被烧损、变形，气缸裙部和活塞裙部被击烂。3号连杆被击变形，1号连杆有被撞痕迹。曲轴靠近轴封端的曲柄销拉花。经查，事故的原因为机器带病运转没有及时维修，事故的开始是从2号连杆大头一端的一支连杆螺栓被拉断而引起的。现场检查得出：所烧坏的四副连杆大头瓦面合金烧坏，拉毛处已积暗色污垢，瓦底钢背与瓦座有较长时间径向摩擦痕迹。这说明这四副大头瓦在本次事故前就已损坏，机器已带病运转了一段时间。

由于连杆大头瓦损坏变形，机械运行不平衡，振动加剧，导致过细的连杆螺栓松动，螺杆被拉断（穿铁丝孔为ϕ2.5mm，按规定应穿ϕ2.0mm的铁丝，可是该机只穿了1.12mm的铁丝，抗拉强度仅为规定的1/3）。铁丝拉断后（断裂部位在两端合口拧紧处的薄弱环节），螺栓继续松动，冲击力加大，最后导致一支连杆螺栓被拉断。接着另一边的一支螺栓又被扭断，于是2号连杆活塞组件失控，导致机件的撞击损坏。检查中发现3号连杆螺栓防松铁丝亦已断裂，螺栓已经松动。因连杆螺栓继续松动，遭受的冲击力加大，最后拉断连杆螺栓，导致机件相互撞击，是这起事故的直接原因。

该机电控屏上共有"启动""停止""总控"三只按钮，"总控"按钮没有接线使用，又没有做明显标志，也没向操作人员交代。当机器发出强烈敲击声时，操作人员本想紧急停机，去按"总控"按钮，后见不起作用，再奔回机旁拨卸载手柄（此类事故，不起作用），显得手忙脚乱。幸好副班长及时跑来按下"停止"按钮，但时间已经延误，导致机件损坏严重。设备安装有缺陷，操作人员不熟悉设备情况，也是造成事故的重要原因。

在压缩机因严重敲击而紧急停机后维修人员仍采用压缩机启动空转的检查方法，这是极其错误的，这样做加重了压缩机机件的损坏，增大了事故造成的经济损失，并且也能危及人身安全。

通过上述事故实例，说明操作人员熟悉设备的重要性，以及对设备正常维修或定期维修的重要性，平时还应做好紧急情况应急预案的处理演练。

【**实例 11**】 福建省泉州市某区某冷冻厂，要更换安全阀，先用管钳关闭了安全阀前的截止阀，卸安全阀时会晃动，故一人拿管钳按在截止阀上，由于上下阀门扭动，截止阀年久锈蚀，管内压力大，导致截止阀整个脱落，氨气瞬间喷出，还好操作人员跑得快只受点轻伤，其他人员及时关闭了有关阀门。由于是在居民区，消防部门也及时赶到。事后检查，是因为该 DN20 截止阀是用螺纹连接的，而旋进部分只有 2 圈，再加上生锈，一遇到外力作用，就掉下来导致事故的发生，安装不规范是这个事故的主要原因。

【**实例 12**】 2001 年 5 月，广西壮族自治区某冷冻厂机房制冷系统发生爆炸，具体为 4 台压缩机上的高压排气阀和 2 个油分离器的进出阀，共有 12 个阀门被炸碎，系统排气总管的 2 个弯头被炸断。事故造成 1 人死亡，1 人受重伤，3 人受轻伤和直接财产损失。经查，原因是该厂扩建一条水产品速冻生产线，购进一台氨压缩机组。为了抢时间，将管道连接到原有的制冷系统中去。安装后进行管道"试压"时，由于试压压力高，排气温度过高，原来管段内留下的润滑油可能达到"闪点"，燃烧造成爆炸。这件实例中给我们的教训是：在新、旧系统安装连接时，一定要慎重对待，马虎不得。

【**实例 13**】 2009 年 5 月某早上 8 点多，云南省昆明市某屠宰场冷库机房一处高压液氨管道发生严重泄漏，周围人员紧急疏散。后经消防队及时赶到处理，把液氨储液器出液总阀关闭。最后查清是一个液氨管道截止阀的法兰盘处焊接点发生破裂，造成氨气泄漏。该事故造成 1 名操作人员中毒受重伤当场晕倒，还有 28 人中毒紧急送往医院治疗，其中包括有 7 名儿童。这次事故虽然没造成人员死亡，但经济上受到很大损失，给社会上造成很不好的影响。该厂制冷系统在半年前安装，3 月份投产，5 月初就发生事故。事故现场消防人员询问该厂负责人，制冷系统安装单位是否有安装资质，该厂负责人回答"不太清楚"。很明显这是一起对制冷系统安装焊接和试压存在缺陷隐患的事故。可见制冷系统安装应有资质的重要性。

【**实例 14**】 某地某冷冻厂有一台正在运行的 8ASJ-17 压缩机，操作工人突然发现电动机有"嗡嗡"声，检查电动机并没发现烫的现象，压缩机排气温度 125℃，认为正常。数分钟后听到一声响，像"倒霜"冲击声。操作工人立即将卸载装置调至"0"，同时关小吸气阀，又有响声，立即停机。当时未注意排气压力、温度和电流表读数，未见到"倒霜"迹象。经拆检发现排气阀片在气阀弹簧处断缺 1cm，5 号缸活塞与气缸套卡死，活塞顶部失去光泽，活塞销座下部已破碎，碎片掉在 5 号缸曲轴箱侧盖边。检查润滑油是新换的；检查各气阀弹簧弹力差，有不均匀现象，致使该处阀片破碎断缺，引起高压气体反复压缩，温度过高而使活塞卡住，电动机负荷过重而发出"嗡嗡"声，操作工人未见"倒霜"以为正常，待听到响声又误以为"倒霜"敲缸，采取卸载和关小吸气阀以处理"倒霜"的常规操作，直至断裂连杆敲碎活塞下部发出第二次响声才停机。这是一起操作人员因判断失误延误检修时机而导致故障扩大的安全事故。

【**实例 15**】　2010 年 11 月某日晚 11 点半，福建省宁德市某冷冻厂发生严重氨泄漏事故。事故造成周边群众氨气中毒，470 多人紧急疏散，有 103 人到医院观察就诊，15 人住院治疗。经查事故是由于氨液贮液器的安全阀失效，氨气大量泄漏引起。事后了解到，该厂制冷系统为无资质安装队伍安装，投产后未经质监部门检验，也未取得压力容器使用证，一些产品设备没有生产厂家标识，该厂设备操作人员没有经过培训，属于无证上岗，机房车间未见制定的规章制度和操作规程，更没有制定事故的安全应急预案等。有关企业如有这些现象应及早整改，以免发生安全事故。

【**实例 16**】　上海市某大学实验室配有 S4-12.5 双级压缩机一台，在投入运行调试过程中发现中间冷却器液面较难控制，无论用浮球阀自动供液还是采用手动控制节流阀供液都是如此，即使是停止向冷却器供液，液面仍然会自动升高。经详细检查各阀门均为正常，最终认为是中间冷却器过冷盘管有内漏所致。停止使用中间冷却器过冷盘管，上述故障现象就消失，中间冷却器液位就能正常控制，因此证实该产品存在制造缺陷。这是设备出厂时没认真检测的产品质量问题，还好能及时发现处理。否则，很容易引起高压级压缩机"倒霜"而发生事故。

【**实例 17**】　浙江省某市一座 2000t 冷库投产前，一台新的 4AV-17 压缩机无负荷试车，试车前有人指出最好拆检一下有关间隙，但大多数人员认为 4AVI17 的品质是过关的，只需拆检清洗曲轴箱即可。经清洁后断续将系统抽至绝对压力 0.019MPa。事后在清洗吸气过滤网、拆机检查时发现缸盖和缸体生锈严重，二挡左面（靠油泵端）气缸壁有轻微发黑痕迹，认为是系统内不洁所致，经清洗和曲轴箱换油后，系统开始充注制冷剂，当加到第 8 瓶时发现机器有异响，便使用加力杆盘动联轴器曲轴，认为松紧旋转正常，又继续开车发现上一挡有异响，上二挡后异响消失。操作人员认为是螺栓松动引起压缩机振动，上紧电动机和压缩机地脚螺母后继续开车加氨，不久又发现机器异响严重，作紧急停机。拆卸缸盖检查，发现二挡左面（靠油泵端）气缸壁左右两边均严重拉毛，在停机前10min 抄得数据为：吸入压力 0.05MPa，吸入温度＋10℃，排出压力 0.8MPa，排出温度130℃，油压 0.35MPa，油温 45℃。排除了操作事故的可能，也排除了压缩机曲轴箱不洁引起故障的可能。经拆检，缸套内壁损坏形状呈 T 字形，左右两边损坏情况基本相同。在活塞行程上死点位置以下 20mm 处开始拉毛，长度 30mm，宽度 15mm，呈多条一字形，中间一字形上宽 40mm，长 140mm 均严重拉毛，和活塞环、刮油环均已粘连，与气缸壁拉毛尺寸基本相符，磨损也相当严重。测量活塞环、刮油环锁口间隙，除二挡左面（靠油泵端）刮油环为 0.5mm 外，其余活塞环、刮油环均在 0.70～1.08mm，符合 0.70～1.10mm 的标准间隙要求，而且缸套内壁一字形拉毛尺寸和活塞行程相符，均是 140mm。显然，锁口间隙过小且间隙又在同侧，摩擦过热，造成活塞环热胀，是导致活塞环将缸壁一字形拉毛的主要原因。该事故不仅造成直接经济损失，而且影响了工程进度，延误投产。由此可见，制造厂应严格把好产品质量关，不让一台不合格产品出厂，而用户也应不怕麻烦，在使用前要认真拆卸清洗检查一下为好。

【**实例 18**】　冷库应该由有压力容器和压力管道安装许可资质的单位来安装，设备及制冷系统安装质量才能有保证。不久前，天津市某万吨冷库的安装单位借用安装锅炉的资质进行了冷库安装，结果安装投产后出现不少问题。北京某肉类联合加工厂的冷库由没资质的安装队伍安装，结果在整个制冷系统中都存在着严重的安全隐患。制冷系统安装完不认真试压、抽真空、试漏，等大量氨液加到系统中，投产不久某天凌晨1点就出现穿堂大量氨气泄氨事故。只好将做好的管道保温层扒开进行检查，由于该厂的防护应急工具及措施不到位，找不到准确的泄漏点，只能向泄漏处周围大量喷水，造成库房、穿堂形成大量积水，上百吨冷却肉类食品受污染。发生这起事故的原因，主要是建设方主管人员错误地认为让无资质的关系单位进行安装无关紧要，对冷库安装的特殊性认识不足，才造成大量漏氨事故。

【实例19】 2010年3月，云南省昭通市某公司因安装质量问题，投产后发生管道从焊缝处断裂，大量氨气喷射出来，造成17人受伤，直接经济损失100多万元。

上述所发生的事故实例只是发生事故的一小部分。可见冷库制冷系统的安装工程很重要，安装不规范会给投产后的生产带来很大的安全隐患。

3.5.6 抢救器材失效造成的事故

【实例1】 辽宁省某饭店冷库由一位不熟练的工人负责操作制冷机。某日上午10时发现节流阀压盖漏氨，他戴上氧气呼吸器向泄氨点跑去，准备抢修，因为事先没有进行检查，戴上的氧气呼吸器实际上早已失效。所以该工人没跑几步便窒息晕倒，因为作业现场没其他人员，没人及时抢救导致该工人缺氧窒息死亡。事故抢修用具平常应处于正常状态，随时能够使用，如果重视安全隐患，就不会出现这种事故。

【实例2】 2009年7月，福建省漳州市诏安县某冷冻厂发生严重氨气泄漏事故。因该厂紧邻村庄，致使众多群众紧急疏散。该厂技术人员发现事故后曾戴简易防毒面具欲进行抢修，但因氨气大量泄漏，人员无法靠近管道泄漏处，该厂又没有配置全身的防毒用具及氧气呼吸器，只好向县里消防部门求助，经消防官兵1个多小时的奋战，氨气泄漏事故终于被成功控制。事故原因是该厂制冷设备管道年久失修，腐蚀较严重，导致管道破裂。事故虽然没有造成人员伤亡，但在当地造成很不好的影响，经济上也造成很大损失。

目前有些早期民营冷冻厂已超过大修期，并且有的冷冻厂四周是居民区。但有些企业负责人不够重视，又长期缺少有效的抢救器材，因此存在很大的安全隐患。有些冷冻厂一般的防毒用具保管不善，配备不全，氧气呼吸器或空气呼吸器更是只有极少数厂家有购置。即便有配备也普遍存在不正常检验的情况。这是一个较大的安全薄弱环节。

另外，据了解，大多数冷冻厂的氨机房都没有配备一定的抢救药品，例如应该配置一些食用乳酸、醋酸及食用老醋等抢救用品。有部分企业安全制度不健全，甚至连机房值班都没配置记录本等。以上情况应引起各企业领导及广大氨制冷机操作人员的重视。

【实例3】 1985年，山东省济宁市某冷冻厂，一次机房调节站的一只阀门发生氨气泄漏事故。一位当班操作人员匆忙戴上过滤式防毒面具去抢修时，因没有打开在过滤罐下面的塞子，结果窒息倒在操作台上，因没及时抢救造成死亡。目前一些厂家对安全救护设备平时不常用，不学习，应急抢修时才匆忙上阵，致使发生伤亡事故。冷库发生漏氨事故，抢修人员一般都要求两人以上，碰到特殊情况可以相互照应，这是行业内人员必须吸取的深刻教训。

3.5.7　缺油或油质下降引起的事故

【实例 1】　江苏省某地某冷饮厂，在生产旺季连续发生三起压缩机抱轴事故。经查该厂为了节约生产成本，将使用过的旧冷冻油用土法再生后反复使用。事故发生后发现曲轴箱底部沉淀杂质较多，冷冻油混浊发黑。

旧冷冻油必须经过严格处理后才能再次利用，并应按照一定比例与新冷冻油混合使用，不能全部都用旧冷冻油，以免影响设备的润滑和使用寿命。

【实例 2】　江苏省某肉联厂有台 8AS-17 型压缩机运行中发生敲击声，片刻声音消失，运行一段时间后又发生敲击声，操作人员立即停机。经拆检发现，6 号和 8 号缸排气阀片有缺口，两缸的活塞顶部"打花"，8 号缸的活塞顶部嵌入破碎的阀片。6 号缸的阀片碎片掉在活塞顶部，6 个活塞顶部发黄，曲轴箱内油呈暗褐色。经分析认为润滑油使用时间过长，油质变差，油量偏少，使润滑条件恶化。半干摩擦使温度升高，阀片破碎引起敲击声，阀片被嵌入活塞使声音消失，待 6 号缸阀片破碎掉入活塞顶部时，敲击声又起。该压缩机经更换阀片活塞，更换润滑油后投入运行一切正常。压缩机平时应定期正常检修，以保证润滑油质量，确保设备安全运行。

【实例 3】　福建省泉州市某企业，一台 8AS-12.5 型压缩机没发生"倒霜"现象，发现气缸有异响，操作人员及时停机，拆开检查发现 6 个气缸及活塞已被敲击成碎片，后来操作人员换上新部件没做其他处理，又投入运转，不到 10min 又发现气缸有异响。经停止压缩机运行拆开检查发现又有 4 个气缸及活塞被敲碎，隔天操作人员又要把新部件装上，厂长刚好到车间看到，问起事故原因，工人回答不清楚。厂长当即叫工人暂停安装新部件，并马上打电话叫某冷冻厂工程技术人员过来检查，经查发现曲轴已严重磨损、变形。根据当时最初情况，可能是冷凝压力有 1.5MPa 以上，排气温度高，压缩机失油或油脏堵塞油路，引起机件干摩擦发热、轴瓦抱轴、个别零部件损坏，造成气缸活塞卡死敲碎。第二次事故可能是因为没认真检查、清洗，油路可能仍有堵塞、曲轴变形等原因造成的。还好及时请技术人员维修、更换曲轴及清洗，投入运行后工作良好。如果不是及时叫其他技术人员检查维修，第三次装上去还会发生事故。这个教训说明，操作工人应熟悉压缩机的结构、性能及操作规程，不能盲目开机。

3.5.8　氨阀损坏的事故

【实例 1】　氨阀损坏是制冷系统运行中常见的一种故障，压缩机操作人员平时应正确操作，认真对待。浙江省某地某冷冻厂曾发生低压调节站一只 Dg80 的截止阀及氨油分离器一只 Dg100 的截止阀均因用自制加长手柄拧得过紧，在运行过程中阀盖爆裂外飞，发生漏氨事故。平时阀门操作要学会正确的使用方法。

【实例 2】　2008 年夏天某日，福建省南安市某冷冻厂，在供液调节站，一只阀门因为开关时长期用加长手柄拧得过紧产生裂痕，一次因系统压力波动，发生阀体带阀盖爆裂飞出，扎在中间冷却器上；另一次同样是供液调节站另一只阀门阀盖爆裂飞出，扎在机房墙壁上。两次均造成氨气泄漏，所幸没造成人员伤亡。这些事故说明除了阀门本身质量外，跟操作人员平常阀门拧得过紧有很大关系。

【实例 3】　浙江省宁波某冷冻厂，一次制冷系统调节站上有一只截止阀从阀杆处向外发生氨气泄漏。操作人员打算更换填料，首先按常规将阀杆退出并提升至最高位置进行反封，然后卸下阀杆螺母和手轮，但当旋松填料压盖时，发生大量氨气泄漏。事后发现阀芯连同阀杆座被弹出。经过分析认为，由于该阀门年久失修，填料压盖与阀杆座螺纹严重生锈，连接非常牢固。当维修人员逆时针旋松压盖时，没注意阀杆座（因阀杆座大部分在软木隔热层内）的情况，致使阀杆座与阀体连接处螺纹松动被旋出，使阀杆座和阀芯一起被弹出。目前一些年久失修的冷冻厂阀门，稍有疏忽就容易发生此类事故，直接危及人身安全。阀门使用和检修时应避免用力过猛，慎之对待。

【实例 4】 2010 年 6 月，广西河池市某公司的某根液氨管道在进行维修过程中，进口阀阀体突然破裂，氨气喷射而出，现场正在操作的一名工人瞬间吸入大量氨气，经抢救无效死亡，在旁边协助的 2 名工人也严重受伤。这是阀门质量隐患或阀门长期操作不慎引起的事故。

【实例 5】 福建省泉州市某冷冻厂，氨机操作人员对系统进行热氨冲霜，在回气调节站打开热氨冲霜阀后，紧接着要打开该库房的回气阀时，因该阀门使用年限已久，已经严重生锈，造成阀门处严重氨气泄漏。机房充满氨气并向外扩散，引起附近居民恐慌。及时关闭热氨冲霜阀等，才避免事故的进一步扩大。对于一些年限已久的冷冻厂，有些该更换的阀门就要及时更换，以消除安全隐患。

【实例 6】 江苏省某冷冻厂一次氨泵压力表失灵需要更换。该表阀锈蚀严重，操作人员首先关闭压力表阀，认为已关紧，随即逆时针旋松压力表。不料刚一取下，压力表阀接头处有氨液喷出。幸亏操作人员带有长袖橡胶手套和防毒面具并迅速撤离现场，未造成人员伤亡事故。事后清除压力表阀接口处发现有残渣和铁锈等污物，致使操作人员误以为阀门已关紧。该厂总结这一事故教训时指出：

（1）平时必须经常检查阀门的启闭是否可靠。

（2）必须在拆卸前关闭所有与系统相连的阀门，放净残氨后再拆下。

（3）提高检修人员的技术水平，熟悉拆检氨系统流程、管道走向及应对突发事故的能力。

（4）必须配备并能正确使用防毒面具、灭火器等各种安全防护用具。

3.5.9 综合事故

【实例 1】 2013 年 6 月，吉林某禽业公司发生火灾，此次事故共造成 121 人死亡，77 人受伤。

事发当日，该公司员工陆续进厂工作（受运输和天气的影响，该企业通常于早 6 时上班），当日计划屠宰加工肉鸡 3.79 万只，当日在车间现场人数 395 人（其中一车间 113 人，二车间 192 人，挂鸡台 20 人，冷库 70 人）。

6 时 10 分左右，部分员工发现一车间女更衣室及附近区域上部有烟、火，主厂房外面也有人发现主厂房南侧中间部位上层窗户最先冒出黑色浓烟。部分较早发现火情的人员进行了初期扑救，但火势未得到有效控制。火势逐渐在吊顶内由南向北蔓延，同时向下蔓延到整个附属区，并由附属区向北面的主车间、速冻车间和冷库方向蔓延。燃烧产生的高温导致主厂房西北部的 1 号冷库和 1 号螺旋速冻机的供液和回气管线发生物理爆炸，致使该区域上方屋顶卷开，大量氨气泄漏，介入了燃烧，火势蔓延至主厂房的其余区域。

事故中,制冷机房内的 1 号卧式低压循环桶内液氨泄漏,其余 3 台高压贮氨器、9 台卧式低压循环桶及供液和回气管内尚存贮液氨 30 吨。在国家安全生产应急救援指挥中心有关负责同志及专家的指导下,历经 8 天昼夜处置,30 吨液氨全部导出并运送至安全地点。

(1) 事故的直接原因:

1) 该公司主厂房一车间女更衣室西面和毗连的二车间配电室的上部电气线路短路,引燃周围可燃物。造成火势迅速蔓延的主要原因:

1) 主厂房内大量使用聚氨酯泡沫保温材料和聚苯乙烯夹芯板(聚氨酯泡沫燃点低、燃烧速度极快,聚苯乙烯夹芯板燃烧的滴落物具有引燃性)。

2) 一车间女更衣室等附属区房间内的衣柜、衣物、办公用具等可燃物较多,且与人员密集的主车间用聚苯乙烯夹芯板分隔。

3) 吊顶内的空间大部分连通,火灾发生后,火势蔓延。

4) 当火势蔓延到氨设备和氨管道区域,燃烧产生的高温导致氨设备和氨管道发生物理爆炸,大量氨气泄漏,介入了燃烧。

(2) 造成人员伤亡的原因:

1) 起火后,火势从起火部位迅速蔓延。

2) 主厂房内逃生通道复杂,且南部主通道西侧安全出口和二车间西侧直通室外的安全出口被锁闭,火灾发生时人员无法及时逃生。

3) 主厂房内没有报警装置,部分人员对火灾知情晚,加之最先发现起火的人员没有来得及通知二车间等区域的人员疏散,使一些人丧失了最佳逃生时机。

4) 该公司未对员工进行安全培训,未组织应急疏散演练,员工缺乏逃生自救互救知识和能力。

(3) 该公司安全生产主体责任根本不落实,具体表现为:

1) 企业出资人即法定代表人根本没有以人为本、安全第一的意识,严重违反安全生产法律法规,重生产、重产值、重利益,要钱不要安全,为了企业和自己的利益而无视员工生命。

2) 企业厂房建设过程中,为了达到少花钱的目的,未按照原设计施工,违规将保温材料由不燃的岩棉换成易燃的聚氨酯泡沫,导致起火后火势迅速蔓延,产生大量有毒气体,造成大量人员伤亡。

3) 企业从未组织开展过安全宣传教育,从未对员工进行安全知识培训,企业管理人员、从业人员缺乏消防安全常识和扑救初期火灾的能力;虽然制定了事故应急预案,但从未组织开展过应急演练;违规将南部主通道西侧的安全出口和二车间西侧外墙设置的直通室外的安全出口锁闭,使火灾发生后大量人员无法逃生。

4) 企业没有建立健全,更没有落实安全生产责任制,虽然制定了一些内部管理制度、安全操作规程,但主要是为了应付检查和档案建设需要,没有公布、执行和落实;总经理、厂长、车间班组长不知道有规章制度,更谈不上执行;管理人员招聘后仅在会议上宣布,没有文件任命,日常管理属于随机安排;投产以来没有组织开展过全厂性的安全检查。

5) 未逐级明确安全管理责任,没有逐级签订包括消防在内的安全责任书,企业法定代表人、总经理、综合办公室主任及车间、班组负责人都不知道自己的安全职责所在。

6）企业违规安装布设电气设备及线路，主厂房内电缆明敷，二车间的电线未使用桥架、槽盒，也未穿安全防护管，埋下重大事故隐患。

7）未按照有关规定对重大危险源进行监控，未对存在的重大隐患进行排查整改消除。尤其是 2010 年发生多起火灾事故后，没有认真吸取教训，加强消防安全工作和彻底整改存在的事故隐患。

【实例 2】 2013 年 8 月，上海市宝山区的某公司发生液氨泄漏事故，造成 15 人死亡，25 人受伤。

事故原因为操作人员采用热氨融霜方式，导致发生液锤现象，压力瞬间升高，致使存有严重焊接缺陷的单冻机回气集管管帽脱落，造成氨泄漏。

另外，该公司违规设计、施工和生产，主体建筑竣工验收后擅自改变功能布局，水融霜设备缺失，相关安全生产规章制度和操作规程不健全，岗位安全培训缺失、特种作业人员未取证上岗等。

【实例 3】 2009 年 9 月某日晚上 8 点多，福建省泉州市海边一家冷冻厂发生严重氨气泄漏事故。当场有两人氨气中毒紧急送医院抢救，当晚有一人经抢救无效死亡，另一人受重伤。这起事故给该厂带来很大的经济损失。

该厂氨气严重泄漏的设备是水产加工车间的一台 0.5t/h 柜式冻结器。据该厂人员介绍，当晚该柜式冻结器刚冻结完毕，工人们正在对冻结好的对虾脱盘包装处理，这时发现车间制冷设备有氨气泄漏。工厂负责人叫机房氨机操作人员过来处理，该操作人员认为是设备回气管的连接法兰处泄漏，该法兰是在该设备靠边的上部（距上部约 30mm），人员必须从临时的梯子上爬上去站在梯子上查看检修。该工人（没有戴防毒面具）拿着梅花扳手，可能是一手扶着回气管与设备的连接处，一手拿着扳手要对连接法兰上紧螺钉，结果一用力，漏氨处大量氨气喷出来，该工人躲避不及，当场中毒。戴着防毒面具（加工车间放有一个，另一个在机房内）扶着梯子的工厂负责人估计当时还没反应过来，也吸入大量氨气中毒倒地（防毒面具可能已失效）。该设备在车间里边靠墙外，因隔壁是另一家工厂，因此平时窗户紧闭，造成喷出的氨气烟雾不易散去，能见度差，工人们见状都往车间外跑。倒地的两个人已没力气站起来往外跑，只能慢慢往外爬。此时整个车间弥漫着氨气，并向外飘散，人员根本进不了车间。顿时厂里乱成一团，受伤的维修人员跑到附近另一个厂里，脱掉衣服用自来水冲洗身体，因吸入大量氨气，体内难受，据说喝了很多自来水，不久人晕倒在地。不久消防人员到达现场，因没经验，处理一段时间后氨气仍然往外冒，后来厂方把原设备安装负责人从市区叫来，因全厂只有一个人负责开机，至此时压缩机没人看管仍然开着，赶来的安装人员紧急停机，关闭机房有关阀门，随后穿戴好消防队的防毒用具，在消防人员喷水雾掩护下，进到车间泄漏现场关紧有关供液管及回气管的阀门。过一段时间观察到喷出的氨气雾有所减弱，消防人员才撤回去，当地派出所封闭了厂区有关通道。

该厂除有柜式冻结器外，还设有搁架式速冻间及冷藏间。厂房为三层建筑，一层为加工车间。早上人员走到车间门口仍然无法进入车间，里面氨气味仍然很大。据派出所的书面报告，这是一起"因氨阀门爆裂引起的漏氨事故"。现场各方人员很多，但处理不得要领，到底阀门从什么地方爆裂不得而知，只有再进入事故现场进一步观察才能断定。要进入车间，就得戴防毒面具，厂方拿来仅有的两个旧防毒面具已不能再使用，又到市区买来 4 副新的防毒面具，经进入现场发现氨阀门完好没有发生爆裂，泄漏处在管道上（但因该段供液管和回气管整体包扎泡沫瓦管，看不清是供液管还是回气管），且还在冒着氨气。说明可能设备还有氨液，不然就是阀门没关紧，于是进一步关紧有关阀门，不久后再观察，冒出的氨气雾明显减弱，后来去掉那段保温瓦管后，观察具体泄漏点情况。结果得知是设备回气管靠近法兰处的焊接处断裂并错开，至此才真正弄清氨气的泄漏点。漏氨处详见图 3.5-1。

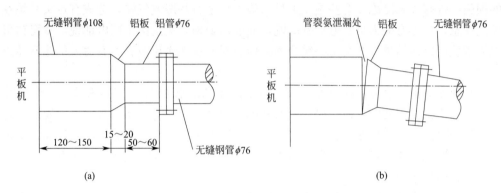

图 3.5-1　接管示意图

(a) 事故前示意图；(b) 事故后示意图

从该事故中，有以下几点教训值得引起重视。

（1）氨机操作人员问题。该厂只有一名氨机操作人员，长期是工厂负责人或其儿子做"替补氨机操作人员"，出事的该操作人员没有氨机操作证，据说有在其他厂开过氨机的经历，出事那天晚上该工人请假几天后刚回厂里，出事前那段时间基本上是工厂负责人开的氨机。这次事故和开机不熟练、系统操作不规范有一定关系。因漏氨时柜式冻结器已冻结完毕，正在脱盘包装，当时回气压力应该较低，按照他们的经验，冻结几个小时后，水产品就可以脱盘；所以可能只是简单地关闭供液阀（也有可能没关供液阀）就马上（短时间内）打开柜式冻结器门开始脱盘，没按正常程序对系统关闭供液阀后，压缩机还得对系统设备抽一段时间氨，把设备内的氨气尽量抽空。根据十几小时后还在喷冒氨气的情况，说明当时系统还有很多氨液，由于打开柜式冻结器的门，温度升高造成设备热负荷增大，回气压力突然升高，造成氨气从设备管道薄弱处泄漏。另外，机房有一副防毒面具，检修人员没拿来使用（也许他知道那个防毒面具早已不能使用），才造成操作维修人员没戴防毒面具，而下面帮工的人员倒有戴防毒面具的怪现象，酿成大事故。

（2）不正规设备问题。该设备是某地没有制造资质的企业仿造的设备，虽然已使用两年多，但从设备管道泄漏处也可看出问题（见图 3.5-1）。如回气钢管 $\phi108$ 到铝管 $\phi76$ 的过渡处不应该焊成有应力集中的角度形状。$\phi76$ 铝管长度只有 $50\sim60$mm，如果制造时把 $\phi108$ 管直接接法兰不是更好吗！这是设备制造的最大缺陷。

（3）防毒器材的问题。从该事故中我们发现，工厂负责人在梯子下面，并且戴有防毒面具，按道理事故发生时应该可以从容地跑出来，但他也中毒倒地后没力气站起来，只能在地上慢慢往外爬，可见防毒面具早就失效。此外，厂里也没有全身防毒服，更没有氧气呼吸器或空气呼吸器。因厂家长期安全意识薄弱，不重视安全生产，才造成如此严重的事故。

另外，这次漏氨事故工厂负责人全身被氨气"烧伤"，由于他戴了防毒面具，整个脸部没被"烧伤"。这也启示我们，在处理一般氨泄漏事故时，一定要穿戴防毒用具以确保人身安全。

（4）安全救护常识的欠缺。目前大多数冷库没有配备抢救药品，不要说配备食用乳酸和醋酸，就连超市上很容易买到的食用醋也不买几瓶备用，才造成在氨中毒时喝自来水的错误做法。有关部门应该在社会上多做些宣传，普及和提高事故抢救常识，尽量减少不必要的损失。曾有一家冷冻厂有些施工人员因施工环境有些漏氨气味，造成有点头晕躺在石子堆上休息，厂方有关人员打电话到医院，问如何处理，医院医生回电话说，拿可口可乐给他们喝就可以。结果厂方买了一箱啤酒给他们喝。这件事说明有些有关人员非常缺乏专业常识。

（5）制度混乱。事故后检查发现该厂两个高压储液器有80%多的氨液，正常情况下是不应该有这么多氨液的。该厂机房没有开停机记录本，没有在墙上张贴有关规章制度和操作规程，也没有制定事故应急预案等。柜式冻结器是非标仿制产品，厂家长期不重视安全生产。据了解，这种现象在沿海一些小型冷冻厂中普遍存在，确实应引起有关部门，特别是厂家领导的重视。

（6）节约成本的问题。对现在的"节约成本"有人产生了误区。如有的冷冻厂把三班制改为二班制，或一班制，把每班3～4人改为1～2人，表面看人员工资是"节支"了，其实埋下了很大的安全隐患，造成设备或人员事故已在意料之中，谈不上"节约成本"，其实无形的浪费和损失更大。如该厂事故发生后要赔死伤者几十万元，工厂负责人在医院一天要花几千元，因工厂设备没有使用证，制冷系统是没有安装资质的人员安装的，也没报市技术监督局备案监管。该厂被停产封存，损失实在惨重。

【实例4】 福建省泉州市某地某小型冷库建在一所小学教学楼北面，相隔只有4m左右（村中通道）。夏季的某天该冷冻厂发生较大的氨气泄漏事故，造成正在上课的几百名教师和学生紧急疏散到学校操场上，冷库周围的居民也跟着撤离。围观群众很多，后来镇政府和当地派出所及时赶到现场维持秩序，消防官兵接到报警后也及时赶来处理。事后事故报到某市局，某市局再报到市政府等有关部门，在当地造成很不好的影响。事后检查中发现该冷冻厂年久失修，加上地处海边，设备腐蚀较严重。由于管理者安全意识薄弱，长期缺乏维护检修，在系统高压部分安全阀前的一处管道破裂，造成大量氨气泄漏。现在沿海一些小规模冷冻厂是在改革开放之初所建，当时的设备和保温都不是很好，加上平时维护保养做得不够，有些设备生锈严重，冷凝压力偏高，长期在高耗能运行，既不经济，又很不安全，因此应做好冷库节能和安全工作，制定必要的规章制度，狠抓落实，尽量避免事故的发生。

现在有些地方的冷库被居民区包围，冷库一般都有几吨至十几吨氨液，确实存在很大的安全隐患。对这类问题，应引起各级政府的重视。建议冷库较多、较集中的地方，当地政府应尽量划出一块冷库专业区域；或更换设备，采用存氨量较少的NH_3-CO_2复叠式或载冷剂制冷系统。对搬迁到新区的冷藏企业给予一定的资金扶持，只有这样，此类企业才"用武之地"，企业既能得到进一步的发展空间，周围民众也有了安全感，利国利民。

【实例5】 2008年夏季某日，福建省石狮市某冷冻厂扩建更换设备时，把一台不用的

4AV-12.5 压缩机从机房移至露天场地等待处理。几个月后有一家厂家买回去要安装使用。因长期露天存放，压缩机机头回气阀前段截止阀的连接法兰处螺栓严重生锈，准备把阀门拆下来。但因生锈不好卸下来，电焊工就对法兰处的螺栓进行气割，准备把截止阀卸下来。当切割第二个螺栓时，法兰连接处的氨气突然喷射出来，电焊工躲避不及，虽然戴有眼镜，但是其脸部仍然受伤。原来当时压缩机机头回气阀关闭后，与截止阀之间的管道还有部分氨液，因长期露天存放，氨液吸热后压力升高。切割螺栓时电焊工没有打开阀门放气，并且气割时里面温度和压力升高，当法兰松动后，氨气就从松口处喷出来，因该段管道氨的存量不多，才没造成较大的安全事故。

浙江省一些地方也发生过检修系统氨气液分离器、低压循环储液器时，因为容器内氨、油排放抽空不彻底，在气割或电焊时引起爆炸的事故。希望有关检修人员从中吸取教训，在处理有氨的设备和管道时应谨慎处理。

【实例 6】　1997 年 10 月某日，河南省淅川县某肉联厂两只液氨钢瓶运到某地去灌氨，回来时由于在午后烈日下暴晒多时，在返回途中又在凹凸不平的土石公路上颠簸碰撞，导致两只氨钢瓶先后发生爆炸，造成 1 人重伤，5 人轻伤的事故。事后经查原因，一方面是烈日下暴晒，钢瓶内压力升高；另一方面是氨瓶充装过量所致。因此，使用氨瓶的厂家应注意安全，接触的操作人员应懂得安全使用，让此类事故不再重演。

【实例 7】　2006 年，福建省泉州市某在建冷冻厂，冷库保温工程和工艺安装同时进行，安装公司在安装顶排管蒸发器时，电焊渣掉到一处易燃物上引起火灾，冷库的保温等材料全部烧掉（据说该材料阻燃剂配比较少），造成很大的经济损失，还好没有造成人员伤亡。冷库安装时发生火灾，在全国范围内发生不少，从小库到万吨库都有，冷库安装时往往多工种穿插进行，人员杂，加上管理者经验不足，因此应引起些新建库或维修扩建库负责人的重视，做好施工期间的安全防患工作。

【实例 8】　2010 年 5 月，吉林省某市某食品公司冷库，因设备土建基础下沉严重，导致高压贮液器至冷凝器的 $DN50$ 无缝钢管某焊接处断裂，造成大量氨液泄漏，事故虽未造成人员伤亡，但经济上受到很大损失。制冷系统的设备或支架基础出现下沉等异常，如不及时采取措施处理，往往会拉裂管道，因此对一些设备基础应经常巡视，确保安全生产。

【实例 9】　福建省泉州市某冷冻厂，一次对制冰池的盐水放掉后进行大修。一名工人拿手提电动砂轮机对锈蚀部分进行除锈，由于电缆局部破损漏电，把该工人击昏倒在制冰池里，还好有其他工人看到，及时把电源拉掉，该工人只受了点轻伤。

设备维修时漏电造成的事故常见报道，应引起各厂家维修人员的高度重视，应注意电缆线如有破损一定要包扎好；另外，维修人员一定要穿橡胶工作鞋，不能赤脚或穿拖鞋工作，杜绝安全事故的发生。

【实例 10】　2008 年 7 月某日，福建省晋江市某冷冻厂两名工人把 100kg 的冰块加工成碎冰，因碎冰机爪子分布不够理想，碎冰速度较慢，一位工人就用脚给冰块加压。该工人因未站稳，摔倒在碎冰机入口槽处，还好另工人看到及时拉掉电源，但该工人的脚已严重受伤。

笔者在多个企业看到在碎冰时有工人用脚踩在冰块上加压，有的厂家在碎冰机上加设有支撑扶手较安全，有的厂就没有，相对不够安全。但笔者认为最好还是不要用脚去对冰块加压，选用合格安全的碎冰机，或是改造旧碎冰机才是根本办法。

第4章 二氧化碳冷冻冷藏良好操作

4.1 CO₂冷冻冷藏系统基本原理

近年来，CFCs 和 HCFCs 制冷剂的大量使用造成了臭氧层破坏和温室效应。天然制冷剂以其良好的环保性能越来越受欢迎。为减少对环境的影响，一些天然制冷剂已被应用于食品冷冻冷藏行业，如 CO_2 已取代 HFCs 应用在食品冷冻冷藏领域。CO_2 作为制冷剂，具有良好的热力性能（容积制冷量高）和环保特性（ODP＝0、GWP＝1）、亚临界循环压比小、压缩机容积效率较高等特点。

CO_2 的临界温度为 31.1℃，临界压力为 7.37MPa，因为临界温度比较低，与环境温度较接近，因此 CO_2 作为制冷剂具有特殊性。当 CO_2 流体的温度和压力处于临界温度和临界压力以上时，该流体处于超临界状态。当 CO_2 流体的温度和压力处于临界温度和临界压力以下时，该流体处于亚临界状态。在有些制冷循环中 CO_2 流体在一些过程中处于超临界状态，在另一些过程中处于亚临界状态，这些循环被称为跨临界循环。故 CO_2 制冷循环根据其特殊性分为 3 种，分别为 CO_2 亚临界制冷循环，CO_2 跨临界循环和 CO_2 超临界循环。目前，食品冷冻冷藏主要采用 CO_2 亚临界循环，主要应用在复叠、载冷式制冷系统中作为低压级，压力范围为 0.55～4.5MPa。

目前我国食品加工与冷藏业中的大中型冷库有 80％都采用 NH_3 作为制冷剂，但遗憾的是 NH_3 有毒性，需要增加安全保护措施。而且目前在食品加工和冷藏工业中，随着食品冻结温度的不断降低，快速冻结、食品玻璃化保存的发展，要求制冷工质的温度进一步降低。而 CO_2 则不存在这样的问题。但 CO_2 的跨临界和超临界循环都存在效率过低的问题，而要采用亚临界 CO_2 循环就必须降低 CO_2 的冷凝温度。要解决这个问题，可以采用复叠或者载冷的方式，采用载冷时高温级采用 HFOs 低 GWP 值制冷剂或同是天然工质的 NH_3，低温级采用 CO_2。

4.1.1 CO₂复叠式制冷系统原理

CO_2 复叠式制冷系统分为高温级循环（HTC）与低温级循环（LTC），两个单级循环依靠冷凝蒸发器连接组成复叠循环，冷凝蒸发器将低温级 CO_2 的冷凝热量释放到高温级中，由高温级制冷剂蒸发吸收。

CO_2 复叠式制冷系统由两套制冷系统组成，如图 4.1-1 所示。HFOs 或 NH_3 循环系统作为高温级，CO_2 系统作为低温级，各自包括压缩机、油气分离器、冷凝器、节流元件、蒸发器等。两套制冷系统独立循环运行，二者通过冷凝蒸发器连接，高温系统中制冷剂的低温蒸发实现对低温系统中的 CO_2 的冷凝，低温级 CO_2 系统的冷凝温度一般在

−15～−10℃范围内，蒸发温度在−55～−30℃范围内。

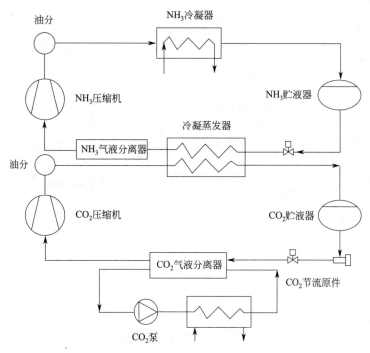

图 4.1-1　NH_3/CO_2 复叠式制冷系统流程图

4.1.2　CO_2 载冷式制冷系统原理

间接制冷系统主要应用于大型折扣店和冷冻仓库，可以使用乙二醇、丙二醇、乙醇、甲醇、甘油、碳酸钾、氯化钙、氯化镁、氯化钠和乙酸钾等单相盐水作为载冷剂。但是对于这些单相盐水，由于盐水的黏度随着冷却温度的降低而增加，泵的功耗也会显著增加。因此，需要有一种即使在低温（低于−30℃）下黏度变化也很小的载冷剂，CO_2 则符合要求，并且 CO_2 作为理想的载冷剂一直受到人们的广泛关注，同时对 CO_2 载冷剂系统的研究也从未停止。

CO_2 作为载冷剂使用时，NH_3/CO_2 载冷式制冷系统流程如图 4.1-2 所示。

CO_2 作为载冷剂的特点：1）用于主制冷循环的二次回路；2）CO_2 是相变载冷；3）在传递同等冷量的前提下，循环量远小于其他载冷剂。因此和其他载冷剂相比，具有黏度低、换热 COP 高、比热大、流量小、用材少等优势。使用载冷形式时输送到设备蒸发器中的 CO_2 不会含冷冻机油，蒸发器换热效果长期保持在最佳状态如表 4.1-1 所示。

三种载冷剂比较　　　　　　　　　　　　　表 4.1-1

载冷剂	黏度 (mPa·s)	密度 (kg/m³)	比热 [kcal/(K·kg)]	流量 (m³/h)	泵电机 (kW)	管径 (mm)
氯化钙盐水	35.4	1313	0.629	48.2	11	125
乙二醇	42.6	1089	0.732	49.5	9.5	125
二氧化碳	0.166	1066	71.43	1.6	1.1	25/32

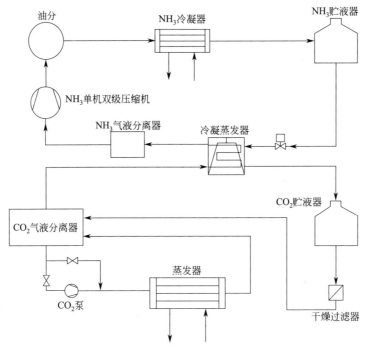

图 4.1-2　CO_2 载冷剂系统流程图

4.1.3　CO_2 跨临界循环基本原理

CO_2 跨临界循环与常规亚临界循环均属于蒸汽压缩制冷范畴，它与常规制冷循环基本相似，图 4.1-3 为 CO_2 跨临界制冷循环原理图和压焓图，其循环过程为 1→2→3→4→1。由图中可看出，压缩机的吸气压力低于临界压力，蒸发温度低于临界温度，循环的吸热过程在亚临界条件下进行，这与制冷基本原理中在蒸发器内依靠液体蒸发制冷的过程相同；但由于压缩机的排气压力高于临界压力，制冷剂在超临界区定压放热，因此这与制冷基本原理中在冷凝器内冷凝成压力较高的液体的过程不同，并且换热过程依靠显热交换来完成，此时制冷剂高压侧热交换器不再称为冷凝器，而称为气体冷却器。

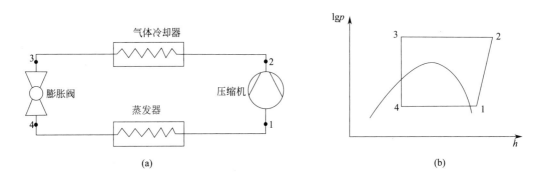

图 4.1-3　单级 CO_2 跨临界制冷循环

(a) 原理图；(b) 压焓图

由于 CO_2 在超临界条件下具有特殊热物理性质，其流动和换热性能优良；在气体冷却器中采用逆流换热方式，不仅可以减少高压侧不可逆热损失，而且获得较高的排气温度和较大的温度变化。因而跨临界循环在较大温差变温热源时具有独特优势。正因为这样，以 CO_2 为制冷剂的空气源热泵热水器不仅可以制取较高温度的热水，同时也具有良好性能。

4.1.4　CO_2 制冷系统的应用及研究意义

在实际应用中，自然工质 CO_2 已经投入使用，国内外很多超市、冷库都采用了 CO_2 为制冷工质。事实证明以 CO_2 为工质的复叠式制冷系统，在实际应用过程中表现良好，有很大的市场发展潜力。

在冷库应用中，美国 Bethlehem 的 USCS 冷库，是目前世界上最大的 NH_3/CO_2 复叠式制冷系统之一。该冷库的总容积达到 $44687m^3$。整个冷库的充注量非常少，表现出非常优良的性能。在较低的温度下，NH_3/CO_2 复叠式制冷系统也具有较高的 *COP* 值。

某渔船采用了 NH_3/CO_2 复叠式制冷系统，该渔船长度为 75m，采用能够冷却 210 吨鱼/天的制冷系统。该系统采用了带有热气除霜的 NH_3/CO_2 复叠式制冷系统。由于使用了 NH_3/CO_2 复叠式制冷方式，氨的充注量大幅度减少，且 CO_2 的用量也并不高。相比于同冷量的 R22 系统，在很大程度上节约了成本。而该系统的 *COP* 值比在蒸发温度为 $-50℃$、冷凝温度为 25℃时的 NH_3 与 R22 的双级压缩制冷系统分别高了 29％和 26％。

丹麦某超市总面积为 $720m^2$，采用了 R290/CO_2 复叠式制冷系统。工质 R290 作为高温级的制冷剂，CO_2 作为低温级的制冷剂。2001 年 7 月总耗能量为 8682kWh，而以 R404A 为制冷工质的同样面积的超市的能耗则比该超市多出 15％左右。

CO_2 复叠式制冷的使用越来越频繁，应用的范畴也越来越广。近年来，国内的多家企业也开始研发并使用 CO_2 复叠式制冷系统。如烟台冰轮集团、大连冷冻等公司都在积极对 CO_2 复叠式制冷进行研究。CO_2 复叠式制冷已经在我国投入实际应用，并取得了良好效果。

目前市场上的冷库多采用氨或者氟利昂作制冷剂，但是近年来氨冷库泄漏导致的事故频繁出现，使人们不得不正视氨作为制冷剂的安全性问题，而氟利昂则面临着工质淘汰的危机，最终也要被天然制冷剂所取代，因此选用无毒、无污染的天然工质将会是未来的制冷行业的必然发展走向。CO_2 复叠式制冷系统的出现，满足了这两方面的要求。所以采用 CO_2 复叠式制冷系统将会是未来冷冻冷藏行业的优先选择。

目前我国对于 CO_2 复叠式制冷系统已有应用，国内市场对 CO_2 复叠式制冷系统的需求巨大，相应的安装维护运营人员的缺口也非常大，该系统的良好操作行为是市场亟待解决的大问题。因此，本书抛砖引玉，综合各大厂商的实际运营经验，编写了该系统的良好操作指南，为广大 CO_2 复叠式制冷系统运营人员提供技术参考。

4.2　CO_2 冷冻冷藏设备基本操作

4.2.1　CO_2 制冷系统运转操作的基本要求

（1）要树立高度的责任感，据国家有关安全生产的规定，认真贯彻预防为主的方针，定期进行安全检查。安全检查主要包括：查制度建立及执行，查设备的技术状况、各种设备的运行情况，查劳动保护用品和安全设施的配置情况。

（2）要建立岗位责任制度、交接班制度、安全生产制度、设备维护保养制度和班组定额管理制度等。

（3）二氧化碳制冷系统所用的仪器、仪表、衡器、量具都必须经过法定计量部门的鉴定；同时要按规定定期复查，确保计量器具的准确性。

（4）操作人员要做到"四要""五勤""六及时"：

"四要"：要确保安全运行；要保证库房温度；要尽量降低冷凝压力；要充分发挥制冷设备的效率，努力降低水、电、油、制冷剂的消耗。

"五勤"：勤看仪表；勤查机器温度；勤听机器运转有无杂音；勤调节阀门；勤查系统有无跑冒、滴漏现象。

"六及时"：及时加油放油；及时放空气；及时除霜；及时清洗或更换过滤器；及时排除故障隐患；及时清除冷凝器、水冷油冷却器水垢。

（5）操作人员要严格遵守交接班制度，要加强工作责任心，互相协作。当班生产及机器运转、供液、压力、温度情况记录清楚。机器设备运行中的故障、隐患及需要注意的事项明确。交接时发现问题，如不能在当班处理时，交班人应在接班人协同下负责处理完毕后再离开。

（6）二氧化碳使用管理，必须严格遵守《气瓶安全技术监察规程》TSG R0006—2014中的有关事项。

4.2.2 CO$_2$ 制冷系统运转操作的基本规范

1. 操作人员安全操作规范

（1）操作人员衣帽整齐，长发应盘起来塞进工程帽，工作中精力要集中，熟悉操作规程。

（2）冷藏柜内的食品生熟要分开，不应码放过多，以防中间食物腐烂，不能把热食品放入柜内，应让食品完全冷却后才能放入。

（3）食品不应直接接触蒸发器排管摆放，以防与蒸发排管冻在一起，不得使用铁棍砸或大力拉。

（4）应定期除霜，保持内部整洁干净，除霜或清理冷柜时，应先断电，不得用水冲洗电器部分，以防触电或烧毁电机。

（5）设备发生故障，如漏电、声音不正常、不停机、制冷不足等应及时向领导汇报或报请修理，他人不得自行修理。

（6）每周末对设备进行全面清洁和维护，确保设备正常工作。

2. 机组安装的一般注意事项

安装过程要做到文明施工，在安装前应确定以下内容，方可开始安装作业：

（1）机组一般为室内型机组，应安装在室内。

（2）制冷机房内的环境温度应在 0～40℃ 的范围内，若存在环境温度在 0℃ 以下的情况，机房内须有供暖设施。

（3）机组安装应避开潮湿之处，因为湿气将会导致电器故障及机器腐蚀。

（4）机组安装应避开灰尘多及含有有害气体的地方。

（5）机组宜安装在机房承重梁的下方，以便于安装和日后的维修。

（6）确定已熟知本制冷系统安装的所有技术文件及技术要求，确定作业人员符合本次安装作业的要求，并有相应的作业资质。

（7）确定所有工具与原材料均已到位并符合施工作业要求。

（8）确定作业现场的安全设施全部到位，并符合要求。

4.2.3　CO_2 制冷系统运转操作的安全事项

1. 制冷系统操作原则

CO_2 复叠、载冷系统，原则上应先开启高温制冷压缩机，当冷凝蒸发器 CO_2 排气侧的压力降到设定的压力后，再开启 CO_2 低温压缩机，最后开启 CO_2 泵，并在停止压缩机运行前停泵，在制冷压缩机运行期间，CO_2 泵的运行与停止应视系统运行情况而定。

2. 安全操作

CO_2 制冷系统中的安全装置对运行中的危险情况可以起到良好的保护作用，但是无法杜绝错误操作的发生，因此，还必须制定科学合理的安全操作规程，并严格执行。

CO_2 制冷系统安全运行的必要条件：

（1）系统内的制冷剂不得出现异常高压，以免设备破裂；

（2）不得发生湿冲程、液击等误操作，以免破坏压缩机；

（3）运动部件不得有缺陷或紧固件松动，以免损坏机械或制冷剂泄漏。

4.2.4　CO_2 制冷系统运转操作的参数范围

以 $-40℃$ 工况，CO_2/NH_3 的载冷制冷系统为例，具体讲解 CO_2 载冷系统的操作。其中 NH_3 制冷剂的操作本书第 3 章节已经详细介绍，这里重点介绍 CO_2 冷冻冷藏设备的操作。

压力：NH_3 侧设计压力不大于 2.0MPa，CO_2 侧设计压力不大于 4.0MPa。

4.2.5　CO_2 制冷系统安装规范内容及要求

1. CO_2 制冷设备的安装

（1）当机组安装在二层以上平台或屋顶时，应在机架与建筑物间安装防震部件，具体按技术文件要求。

（2）机组安装时应至少留有图 4.2-1 规定的最小距离，以确保维修保养空间。其中，水冷冷凝器与水冷油冷却器的使用，应至少在一端预留与换热器等长度的清洗空间。

（3）机组到达现场后，使用符合起重要求的吊车、吊索具进行卸货，起吊时确保吊索具不碰到配管及电气元件。

注意：不允许在压缩机本体及配管上安装绳索进行安装机组作业，搬入安装区域时，不可拆卸机组，应根据机型的大小、重量，选择相应绳索，切勿野蛮装卸搬运。

（4）机组基础的重量通常为设备重量的 3 倍，基础制作应按照制冷机组基础图施工。安装时为防止异常振动及翻倒，机组用地脚螺栓固定在牢固的混凝土基础或与基础连接牢固的支架上。

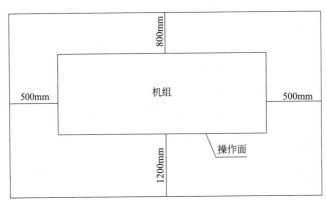

图 4.2-1　机组安装空间

（5）整体出厂的制冷机组安装水平，应在底座或与底座平行的加工面上纵、横向进行检测，其偏差均不应大于 1/1000。解体出场的制冷机组及其冷凝器、贮液器等附属设备的安装，应在相应的底座或与底座平行的加工面上纵、横向进行检测，其偏差均不应大于 1/1000。

（6）CO_2 侧所采用的制冷设备及阀门、压力表等必须采用耐高压专用产品。

（7）制冷设备安装时，CO_2 侧密封材料，应选用金属密封垫，紧固件如螺栓、螺母等应符合现行行业标准《钢制管法兰件·垫片·紧固件》HG/T 20592～20635，材料为：35CrMo/30 CrMo。

2. CO_2 制冷辅助设备的安装

（1）制冷系统的辅助设备，如冷凝器、高压贮液器、辅助贮液器、氨气液分离器、空气分离器、集油器、CO_2 循环桶、板壳式换热器等，就位前其安装位置及基础地脚螺栓孔的位置应符合设计文件中设备管接口的方位。

（2）安装冷却设备（蒸发冷、冷却塔）时，应确保吸风口和出风口之间的风循环通道上无障碍物，以使风循环顺畅，避免空气循环短路。

（3）CO_2 循环桶与氨气液分离器、板壳式换热器及的位置应上、中、下排布，如图 4.2-2 所示。

1）考虑到限高运输问题，一般采用装配式撬块，客户安装时需严格按照技术要求执行。

2）制冷辅助设备安装前，应进行单体吹污，吹污可用 0.8MPa（表压）的干燥氮气进行，次数不少于 3 次，直至无污物排出为止。

3）制冷辅助设备安装前，应进行单体气密性试验，其试验压力应按设计文件或设备技术文件规定进行。无规定时，二氧化碳侧应满足试验压力 4.6MPa。本项单体气密试验，可同设备单体吹污结合进行。

4）安装在常温环境下的低温制冷辅助设备，其支座下应增设硬质垫木或其他绝缘材料，垫木应预先进行防腐处理，垫木厚度不小于其他绝热层厚度。

3. CO_2 制冷管道制作与安装

（1）CO_2 制冷管道加工与管件制作

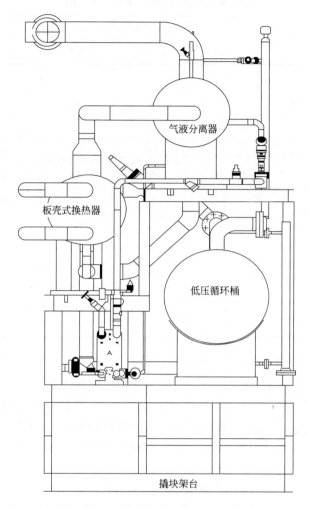

图 4.2-2　CO_2 制冷系统主要部件安装位置

1）CO_2 制冷管道可选用不锈钢无缝钢管或耐低温碳钢无缝钢管，安装前应将管子内部清理干净，如不锈钢材料不得与碳钢类材料接触，并应及时封闭管道，放置于干燥避雨的地方待用。

2）所有无缝管切口端面应平整，无裂纹、重皮、毛刺、缩口，不得有熔渣、氧化皮、铁屑等杂物。

3）无缝管切口平面倾斜偏差应小于管子外径的 1%，且不得超过 3mm。

4）焊制的三通管件，应兼顾制冷剂的正常工作流向。

5）螺栓紧固方法及要求：

①螺栓组呈环形分布的使用交叉、分步紧固方式，一般分三次紧固，第一次施作规定力矩的 30%，第二次为 60%，第三次为 100%；

②螺栓组呈矩形或不规则公布的使用对角或顺序进行多步紧固，一般分三次紧固，方向同①；

③螺栓紧固完毕后，在螺栓头部做一标记。螺栓紧固要求按表 4.2-1 进行。

螺栓紧固力矩对应表（单位：N·m） 表 4.2-1

螺栓直径（mm）	DIN267 性能等级（螺栓强度等级）					
	4.8	5.6	6.8	8.8	10.9	12.9
M6	3.1	3.6	5.5	7.1	10.7	12.9
M8	8	9	14	18	26	31
M10	15	17	26	35	51	60
M12	26	29	46	61	89	104
M14	41	46	75	96	143	170
M16	63	70	111	150	221	261
M18	86	96	154	214	307	357
M20	126	136	218	304	436	507
M22	161	196	296	414	586	685
M24	220	236	378	521	750	871
M27	315	350	557	785	1107	1286

（2）CO_2 制冷管道加工与管件制作

1）钢管对接采用氩焊打底，然后手工电弧焊或氩焊焊接盖面。

2）铜管与铜管、铜管与钢管接口采用插入式钎焊，按表 4.2-2 执行。

注：铜管与管件套接，套接单边间隙超出表 4.2-2 中规定数值时，铜管套接端口与管件套接端口进行配作，用手压胀管器对铜管套接端口处进行胀管，使铜管套接处端口外径增大，与管件套接后，实现套接单边间隙达到规定值。

管径套接长度与间隙 表 4.2-2

管径（mm）	套接长度（mm）	套接单边间隙（mm）
<8	6～8	0.03～0.1
9～19	8～12	0.05～0.15
22～35	10～15	0.05～0.20
42～65	15～25	0.05～0.25

3）施焊前，对于阀芯可拆卸的阀件，应将其阀芯卸下，将阀体及对应阀芯做好编号标识，妥善保管，以便安装时原体还是与原阀芯相匹配。在焊接过程中和焊接后，必须对阀体进行充分冷却，避免损坏阀件。施焊结束冷却后及时将阀芯装上。

4）钢管对接焊接坡口，宜机械倒角为主，加工修整后的坡口尺寸应符合图 4.2-3 的规定。当图中管件受长度条件限制时，15°角可改用 30°角。管壁厚≤3mm，可不需要倒坡口，组对间隙 1～1.5mm；管壁厚＞3mm，倒焊接坡口，对接坡口为 60°（±5°），钝边 0～1.5mm；在管件上开支管孔，条件允许的一律钻孔或铣孔，条件不许时可用气割切孔，但孔割后要修磨，单边间隙不大于 0.5mm（适用于设计图纸上无规定时）。

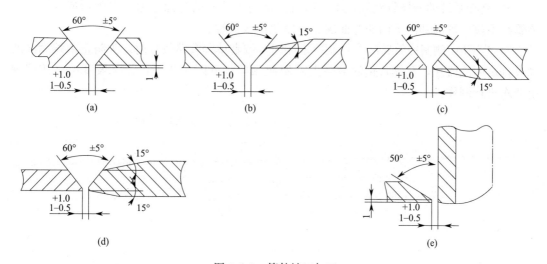

图 4.2-3　管件坡口加工

（a）管壁尺寸相等；（b）外壁尺寸不相等；（c）内壁尺寸不相等；

（d）内外壁尺寸均不相等；（e）角接焊缝

5）严禁在管道内有压力的情况下进行焊接。

6）焊接应在环境温度 5℃ 以上的条件下进行。如果气温低于 5℃，焊接前应注意清除管道上的水汽、冰霜，并要求预热使被焊母材有手温感。预热范围应以焊口为中心，两侧不小于壁厚的 3～5 倍。当使用氩弧焊机焊接时，在风速大于 2m/s 时应停止焊接作业。

（3）CO_2 制冷管道安装

1）管道的布置应不妨碍对系统的正常观察和管理，应尽可能短，尽量减少拐弯，以减少压力损失，管道的走向应横平竖直。

2）当管道组成件需要螺纹连接时，管道螺纹部分的管壁有效厚度应符合设计文件规定的壁厚，螺纹连接处密封材料宜选用聚四氟乙烯或密封膏，拧紧螺纹时，不得将密封材料挤入管道内。

3）穿墙或穿越楼板的管道，应在其穿越处设置套管。穿墙套管的外露长度，每侧不应小于 25mm。穿楼板套管应高出楼板面 50mm，管道穿过屋面时应有防水肩、防雨帽。管道连接的法兰、螺纹接头及焊缝不得置于套管内。

4）CO_2 制冷系统管道的坡向和坡度，考虑到介质的特殊性，当设计文件无规定时，需严格按照表 4.2-3 的规定。

CO_2 侧制冷系统管道坡向及坡度 　　　　　　表 4.2-3

管道名称	坡向	坡度（%）
循环桶至板壳式换热器的供液管	坡向循环桶	0.1～0.3
循环桶至板壳式换热器的出气管	坡向板壳式换热器	0.1～0.3
蒸发器至循环桶的回气管	坡向循环桶	0.1～0.3

5）管道安装必须牢靠，带隔热层的管道在管道与支吊架之间应衬 PE 托码。

6）制冷系统的液体管路安装不应出现局部向上凸起的弯曲现象，以免形成气囊；气体管路不应出现局部向下凹的弯曲现象，以免形成液囊。

7）当CO_2侧制冷管路配多台制冷末端时，或者单程管路较长时，为防止末端库温波动及提高回液流速，气体管路的最高点需做鹅颈弯（见图4.2-4），管路坡度严格按照规范要求进行制作。

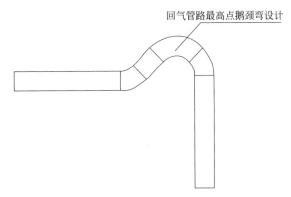
回气管路最高点鹅颈弯设计

图4.2-4　鹅颈弯设计

8）CO_2侧制冷管道直线段超过50m时，均应设置一处管道补偿装置（管道伸缩弯）。

9）从液体干管引出支管，应从干管底部或侧面接出；从气体干管引出支管，应从干管上部或侧面接出（需使用等径三通和同心异径接头或异径三通）。在管路上开支管孔时，条件允许的一律钻孔或铣孔，条件不允许时可用气割切孔，但切割后需修磨至单边间隙不大于0.5mm。

10）制冷管路应采用支吊架固定，支吊架的距离取决于管道的尺寸和设施重量。管路敷设固定架的最大间距按表4.2-4规定。

管路敷设固定架的最大间距（m）	表4.2-4

管道规格	二氧化碳 （带隔热）
Φ48×3	1.40
Φ57×3.5	1.90
Φ76×3.5	2.42
Φ89×3.5	2.60
Φ108×4.0	2.95
Φ133×4.0	3.60

注：1. 通常间距为最大间距的0.8倍，管子拐弯处或管路上有附件时，应在一侧或两侧增加吊点。

2. 压缩机排气管线支架间距，当管子内径为108mm以上时可采用间距3m，管子内径在108mm以下时采用间距2m，排气管在拐弯处必须设一支架。

3. CO_2用不锈钢无缝管规格如表中所示，超出范围的参考同类型的碳钢无缝管间距。

4. 管路支架上开孔，当孔径<12mm时，必须用钻头进行开孔；当孔径>12mm时，可用钻头开孔也可进行割孔。

11）敷设吸、排气管道，其管道外壁的间距应大于 200mm；在使用同一支架敷设时，吸气管宜敷设在排气管下方。

12）处于自由通道的管道、阀门和其他管件应安装在高于地面 2.2m 以上，对架空管道需可靠定位以避免管子损坏。

13）每天收工时用木塞或专用塑料管口盖密封管道，室外管道禁止雨天施工，湿度较大引起凝露的天气避免施工。

4. CO_2 制冷系统的吹扫与排污

（1）CO_2/NH_3 载冷式制冷系统管道吹扫、排污时，应设置安全警戒标识，非操作人员不得进入操作区域。

（2）CO_2/NH_3 载冷式制冷系统管道安装完成后，应用 0.8MPa（表压）的压缩空气对制冷系统管道进行分段吹扫、排污。吹扫的顺序应按主管、支管依次进行。吹扫出的脏物不得进入已吹合格的管道。

（3）不允许吹扫的设备及管道应及时与吹扫系统隔离。

（4）系统管道吹扫前，不应安装孔板、法兰连接的调节阀、节流阀、安全阀、仪表等。对于采用焊接连接的上述阀门、电磁阀和仪表，应采取流经旁路或卸掉阀头及阀座加保护套等保护措施。

（5）管道吹扫前应检查管道支吊架的牢固程度，必要时应予以加固。

（6）空气吹扫过程中，当目测排气无烟尘时，应在距排气口 300mm 处设置涂白色标靶进行检验，5min 内标靶上无铁锈、尘土、水分及其他杂物，方为合格。

（7）制冷系统管道排污洁净后，应拆卸可能积存污物的阀体，并将其清洗干净后重新组装。

5. CO_2 制冷系统的检查和试验

（1）焊缝内部质量无损检验

1）制冷管道焊缝的内部质量，应按设计文件的规定进行射线检验。其射线检验的方法和质量分级标准，应符合现行国家标准《现场设备、工业管道焊接工程施工规范》GB 50236 的规定。

2）当设计文件对管道焊缝的内部质量检验未作出明确规定时，可执行下列规定：

①压力管道的对接接头必须采用全焊透的焊接工艺（如氩弧焊打底等）。

②CO_2 侧压力管道焊接接头无损检测应符合以下要求：CO_2 制冷系统管道的对接焊接接头应进行 10% 射线检测合格，角焊缝应 100% 磁粉或渗透检测合格。射线检测应当按照现行行业标准《承压设备无损检测》NB/T 47013 的规定执行，射线技术等级不低于 AB 级，合格级别不低于Ⅲ级；磁粉或渗透检测应当按照现行行业标准《承压设备无损检测》NB/T 47013 的规定执行，合格级别为Ⅰ级。

3）当检验发现管道焊缝缺陷超出设计文件和现行国家标准《工业金属管道工程施工规范》GB 50235 的规定时，则必须进行返修，同一处焊缝其返修次数不得超过两次。两次返修仍不合格的焊缝必须割掉后重新拼接焊接。

（2）CO_2/NH_3 载冷式制冷系统的耐压和气密性试验

1）制冷系统管道进行气体压力强度试验时的环境温度应在 5℃ 以上，且管道系统内的焊接接头的射线照相检验已按规定检验合格。

2）管道系统气体压力强度试验的试验介质采用洁净、干燥的空气或氮气。氨侧试验时应将制冷系统管道高低压侧分开进行压力强度试验，并应先试验低压侧，后试验高压侧；CO_2 侧试验时可直接进行压力强度试验。

3）管道系统做气体压力试验时，应划出作业区的边界，无关人员严禁进入作业区。

4）CO_2/NH_3 载冷式制冷系统管道系统其气体压力强度试验的压力应符合设计文件的规定，当设计文件无规定时，氨侧气体压力强度试验的低压侧其试验压力应为 1.7MPa，高压侧试验压力应为 2.3MPa；CO_2 侧试验压力应为 4.6MPa。

5）管道系统气压试验时，管道系统内压力应逐渐缓升，其步骤如下：

①试验时升压速度不应大于 50kPa/min。

②升压至试验压力值的 50% 时，停止升压并保持 10min，对试验系统管道做一次全面检查，发现异常应及时处理。

③若无异常现象，再以试验压力的 10% 分次逐级升压，每次停压保持 3min，达到设计压力后停止升压并保持 10min。

④若仍无异常现象，则将试验压力继续升压至强度试验压力，停止升压并保持 10min，对试验系统管道再做一次全面检查，如无异常则压力降至设计压力，用涂刷中性发泡剂的方法仔细巡回检查，重点查看法兰连接处、各种焊接处有无泄漏。

6）对于压缩机、浮球液位控制器、安全阀等设备、制冷控制元件，在制冷管道系统试压时，可暂时予以隔离。制冷系统开始试压时必须将玻璃板液位计两端的阀门关闭，待系统压力稳定后再缓慢将其两端的阀门开启。

7）制冷系统管道充气进行压力强度试验经检查无异常，而后应将其系统压力降至其各自对应的设计压力，继而进行系统气密性试验。继续保持这个压力值，6h 后开始记录压力表读书，经 24h 后查验压力表读数，其压力降不大于下式计算出的结果，为系统气密性试验合格。当压力降不符合上述规定时，应查明原因，消除泄漏源，并重新进行气密性试验，直至合格。

$$\Delta P = P_1 - P_2(273+t_1)/(273+t_2)$$

式中　ΔP——管道系统的压力降，MPa；
　　　P_1——试验开始时系统中气体的压力，MPa；
　　　P_2——试验结束时系统中气体的压力，MPa；
　　　t_1——试验开始时系统中气体的温度，℃；
　　　t_2——试验结束时系统中气体的温度，℃。

8）在气压试验过程中，严禁以任何方式敲打管道及其组成件，严禁在管道带压的情况下紧固螺栓。

（3）CO_2/NH_3 载冷式制冷系统抽真空试验

1）CO_2/NH_3 载冷式制冷系统抽真空试验应在系统气体压力强度试验和气密性试验合格后进行，一方面是进一步检查系统的气密性；另一方面可消除系统中的水分，为充灌制冷剂做准备。

2）制冷系统抽真空时，除关闭与外界有关的阀门外，还应将制冷系统中的其他阀门全部开启。系统抽真空操作应分数次进行。

3）当制冷系统内剩余压力小于 5.33kPa，停止抽气，保持 24h，当系统内压力无变化则为抽真空试验合格。如系统内压力有所回升，则应查找系统中的泄漏点，消除泄漏点后，应重新按上述要求进行管道的气密性试验和抽真空试验，直至完全合格。

6. CO_2 制冷设备和管道的防腐及绝热

（1）CO_2 制冷设备和管道的防腐

1）制冷设备和管道防腐工作应在 CO_2/NH_3 载冷式制冷系统试验合格后进行。

2）涂刷防腐介质前应清除设备管道表面的铁锈、焊渣、毛刺、油和水等污物。

3）涂刷防锈油漆宜在环境温度 5～40℃时进行，并采取必要的防火、防雨、防冰冻等措施。

4）涂漆应均匀，颜色一致，漆膜附着力应牢固，无剥落、皱皮、气泡、针孔等缺陷。

（2）CO_2 制冷设备和管道的绝热

1）制冷设备和管道绝热工程应在 CO_2/NH_3 载冷式制冷系统试验合格，制冷设备和管道防腐工程结束后进行。施工前需保冷的设备、管道外表面应保持清洁、干燥。冬季、雨季、雨雪天施工应有良好的防冰冻、防雨雪措施。

2）管道的隔热层穿过墙体或楼板时不得中断。

3）设备及管道隔热层厚度的允许偏差为 0～5mm。

4）严禁将容器上的阀门、压力表埋入容器的隔热层内。

4.2.6　CO_2 制冷系统的运转调试

制冷系统应确保按照安装规范的要求进行安装，并检验合格后，方可进入调试阶段（严禁未经培训合格人员上岗操作）。

1. 制冷系统运转调试前的准备工作

1）检查电气接线，确保接线端子全部紧固，确保线路接线正确，其绝缘性能良好，系统接地均符合要求。

2）确认客户现场变压器所提供的电源，能符合设备启动的要求。

3）检查制冷系统中各安全保护继电器、安全装置，其设定值应符合设备技术文件的规定，动作应灵敏可靠。

4）按照铭牌电流值，对所有热继电器进行整定。

5）检查油分离器的油面高度，应符合规定。

6）检查压缩机、冷凝器等各种截止阀，应处于全开状态。

7）检查系统中各压力、温度传感器，应处于合理的范围内。

8）接通冷却系统水源，向冷却系统加入适量的水，保持供水阀门常开。并通过水泵排气口排尽泵体的空气。

9）确认安全阀手柄处于打开位置并锁住。

10）压缩机组的油加热器通电，使油温达到开机要求。

11）确认压缩机组所有的紧固部位，联接牢固，无松动。

12）准备好调试使用的相关表格，如《制冷机组（系统）安装调试记录》。

2. 开启式压缩机联轴节校准方式

开启式压缩机联轴器安装前，需分别调整压缩机与电动机的偏心与偏角。具体方法与要求如下：

1）调偏心：将百分表座吸附在电动机轴伸出端联轴器法兰盘上，百分表测量杆触头与压缩机轴伸出端联轴器法兰盘外圆接触，用手转动电动机轴，百分表指针显示的最大和最小数值差为偏心误差，如图4.2-5所示。

2）调偏角：将百分表座吸附在电动机轴伸出端联轴器法兰盘上，百分表测量杆触头与压缩机轴伸出端联轴器法兰盘端面靠近外圆处接触，用手转动电动机轴，百分表指针显示的最大和最小数值差为偏角误差，如图4.2-6所示。

3）测量时将百分表座任意吸附在电动机轴伸出端联轴器法兰盘上不同的三点，测量的数值均应符合：压缩机与电动机的偏心误差≤0.06mm；偏角误差≤0.03mm/Φ100。

图4.2-5　压缩机与电动机调偏心　　　　图4.2-6　压缩机与电动机调偏角

4）当误差超过规定的要求时，采用在电动机机座下垫铜箔和电动机底座侧面的调节螺栓进行调整，直至达到要求。

5）油泵与电动机的连接：用钢直尺贴附在油泵与电动机联轴器法兰盘外边缘任意三点，目测每一点两者法兰盘边缘均在同一直线上；用钢直尺测量油泵与电动机联轴器法兰盘的间距，选取任意三点，测得两者法兰盘间距一致。盘动油泵与电动机的联轴器，感觉运转灵活无卡滞感。如不符合，则采用在电动机机座下垫铜箔的方式进行调整，直至达到要求。

3. 制冷系统加注冷冻油

在系统耐压和气密性试验、抽真空试验合格后，向系统油分离器及油冷却器加注与制冷机组一致的冷冻油。将加油管连接在油分离器加油口上，利用抽真空的方式将压缩机油吸入油分离器和油冷却器，关注油分离器视油镜的油位；加油完毕后继续抽真空至符合系统要求。在运转过程中应保证油分离器的油位不高于上视油的1/2，不低于下视油的1/2。对于开启式，二级油分视油镜不应看到冷冻油。

4. 制冷系统加注载冷剂

（1）CO_2注液阀在接通前，确认槽车加注管与CO_2加注站连接无泄漏，确认加液过滤器滤芯是否安装，系统中应开阀门全部开启，并做好CO_2泄漏的应急预案。

（2）充注时，现场调试人员需穿戴防护装置，将CO_2加注口与气相连接，加注过程中，随时观察CO_2循环桶内压力，与槽车工作人员实时沟通。

（3）当表压升至0.2～0.3MPa时，应全面检查制冷设备，无异常情况后，再继续充注CO_2气体，直到表压升至0.9MPa时（当多组循环桶共用一个加注站时，需一次性将所有桶压升至 0.9MPa），然后将 CO_2 加注口与液相连接，进行 CO_2 液体加注。

（4）记录本次充入载冷剂的名称、型号、重量，及时填写《制冷机组（系统）安装调试记录》。

5. 制冷系统运转调试

（1）设备运行前的测试与设置

在对电气元件及接线检查确认无误后，方可合上电源，逐一进行以下控制电路测试。选择手动控制运行；开启式用"工程师"权限进入手动控制页面（以图 4.2-7 界面为例）。

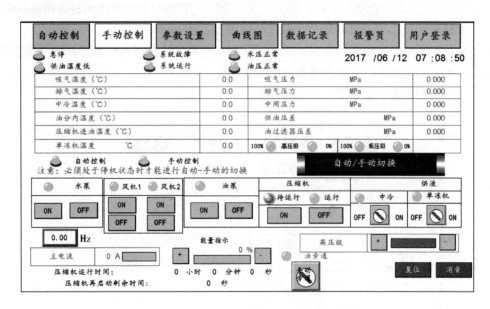

图 4.2-7　开启式运行页面

1）主接触器动作测试：确认电机的空开处于断开状态，且未用联轴节连接压缩机和电动机，长按"试正反转"按钮，直到跳出试正反转的页面，按下"ON"按钮后，确认压缩机从 60% 电压转换到 100% 电压运行时的接触器动作正确。观察结束后，按下"OFF"按钮，结束接触器动作测试。如果测试动作不正确，需按照电路图检查电路接线，并进行修正，直到上述测试动作正确为止。

2）暂时松开对应压缩机主空开的报警点，测试下列部件接触器的吸合动作：

①确认水泵及冷凝风机的转向，对于水系统，通过切断水泵主电路，吸合接触器，确认靶式流量计能发出报警并切断水泵控制回路。

②压缩机电路模拟测试间隔时间（切断喷油管路阀门，确认接触器吸合顺序）：

a. 前川开启式机组：变频启动，接触器间隔时间根据变频器功率大小确定，一般按 30s 确定；自耦启动，接触器间隔时间 10～14s。

b. 在主接触器吸合后 20s 内，油流开关或油压应发出报警并切断主电路。

3）通电测试：

①正反转测试

开启式：使压缩机空开处于接通状态，再次重复"1）主接触器动作测试"中操作步骤，在按下"OFF"按钮后，依据压缩机轴端标示的旋转方向来判断电机的转向是否正确。如不一致，应通过调相使电动机的转向和压缩机端头标示的转向一致。

②上下载电磁阀测试：

a. 按照电路图所示，确认每个电磁阀能正常手动动作并能一一对应。油泵开启后，手动上下载至 0 与 100% 各三次，同时观察压缩机上表针式能量指示和触摸屏上的能量指示同步。测试动作时，压缩机为未运行的状态，油泵工作超过 40s，系统应报警并切断油泵，重启油泵并继续完成测试。

b. 上述动作会导致压缩机腔体内积聚大量的润滑油，因此在测试完成后，把总空开切断，按压缩机工作转向盘动压缩机轴端法兰盘 30 圈，把压缩机腔体内的油转回到油分离器。

c. 安装压缩机和电动机联轴节，并安装防护罩。

③观察系统各传感器显示数据，通过异常判断是否接线错误或传感器损坏（压力传感器可通过接通大气校零，温度传感器可用冰水校零）。

④CO_2 侧调试前测试如图 4.2-8 进行操作。

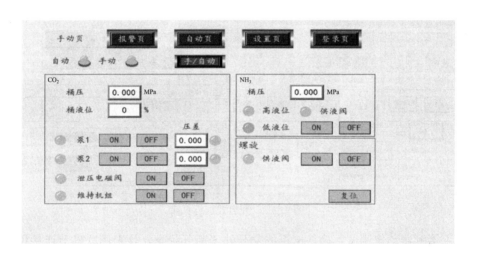

图 4.2-8　CO_2 循环桶运行页面

a. CO_2 屏蔽泵正反转测试：进入手动页，点动开启屏蔽泵，观察压力变化，压力 15s 内达到 0.28MPa，泵则为正传，反之泵反转，需重新检查电路。

b. CO_2 循环桶液位设置：根据图 4.2-9 结合具体参数进行设置。

4）关于制冷剂侧设定控制页面的运行参数值如图 4.2-10 进行设置。

①吸气压力：通常设定值为 −0.035MPa。

②电机电流：通常设定值为电机铭牌额定电流的 80%。

③油加热控制温度：通常设定值为 40℃。

④压缩机启动油温：通常设定值为 25℃。

⑤油压差预报警：通常设定值为 0.15MPa。供油压差控制在 0.25～0.3MPa，通过运行时调节油泵上的压力调节阀。

⑥排气压力预报警：通常设定值为 1.5MPa。

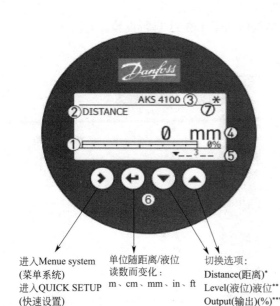

①4～20mA输出[以柱状图和百分比(%)显示];
②测量值名称(本例中为距离);
③设备名称;
④测量读数和单位;
⑤设备状态(标记)

　　1表示硬件故障[任何令设备无法提供准确测量;
　　的硬件故障(通信、内存故障等)];
　　2表示无基准脉冲;
　　3表示低电压或者旧测量值;
　　4表示液位丢失;
⑥按键;
⑦闪烁的星星。表示设备正在工作。

　*"Distance(距离)"是一个显示选项。
　若将显示设为"Distance",则显示的值是参照
　点至制冷剂液面顶部的距离。
　**"Level(液位)"是一个显示选项。
　若将显示设为"Level",则显示的值为:
　探头长度(在快速设置中输入)-距离。
　***"Output(输出)(%)"是一个显示选项。
　将以百分比形式显示制冷剂的液位,根据下列
　条件确定标度(在快速设置中输入):SCALE
　4mA(0%),SCALE 20mA(100%)。
　****"Output(输出)(mA)"是一个显示选项。
　将以4～20mA显示制冷剂的液位,根据下列条
　件确定标度(在快速设置中输入):SCALE
　4mA(4mA),SCALE 20mA(20mA)。

进入Menue system
(菜单系统)
进入QUICK SETUP
(快速设置)

单位随距离/液位
读数而变化:
m、cm、mm、in、ft

切换选项:
Distance(距离)*
Level(液位)液位**
Output(输出)(%)***
Output(输出)(mA)****

图 4.2-9　液位显示屏界面

| 自动控制 | 手动控制 | 参数设置 | 曲线图 | 数据记录 | 报警页 | 用户登录 |

压缩机能量设置	当前值	出厂设置
吸气压力 (-0.06～0.5MPa)	0.000	-0.035
电机电流　(　0　～　0　A)	0	0
油加热控制温度 (20～40℃)	0.0	40
压缩机启动油温 (20～30℃)		25

油加热　ON　OFF

报警参数设置	当前值	出厂设置
油压差预报警 (0.12～0.18MPa)	0.000	0.15
排气压力预报警 (1.0～1.7MPa)	0.000	1.5
压缩机进油温度过低报警 (15～40℃)	0.0	25
压缩机进油温度预报警 (50～60℃)	0.0	50
排气温度过高报警 (80～100℃)	0.0	80

恢复出厂设置

图 4.2-10　开启式设置及报警页面

⑦压缩机进油温度过低报警：通常设定值为 25℃。

⑧压缩机进油温度预报警：通常设定值为 50℃。

⑨排气温度过高报警：通常设定值为 80℃。

5）关于载冷剂侧设定控制页面的运行参数值如图 4.2-11 进行设置。

设置页	报警页	自动页	手动页	登录页	
开机桶泵自动运行液位设置（20%～50%）			0	20	与主压缩机通讯
自动切换桶泵压差设置（0～0.2MPa）			0.000	0.1	YES NO
桶泵压差过小时间确认设置（20～60秒）			0	30	
桶泵启动切换次数限制（3～5次）			0	3	
开维持机组CO_2桶压设置（2.0～3.0MPa）			0.000	2.5	
主机强制启动CO_2桶压设置（3.0～3.5MPa）			0.000	3.1	
泄压阀开启CO_2桶压设置（3.5～3.8MPa）			0.000	3.5	
关机停压缩机前CO_2桶液位设置（50～80%）			0	70	
关机停压缩机前延时设置（1800～3600秒）			0	3600	
维持机组停机桶压设置（1.5～2.0MPa）			0.000	2	

设置2

图 4.2-11 CO_2 循环桶设置页面

①桶泵自动运行液位设置：通常设定值为 20%。

②泵切换压差设置：0.1MPa。

③桶泵压差过小时间确认设置：通常设定值为 30s。

④维持机组开启压力设置：通常设定值为 1.8MPa。

⑤主机强制启动压力设置：通常设定值为 2.0MPa。

⑥泄压电磁阀开启压力设置：2.5MPa。

⑦停机抽液液位设置：通常设定值为 70%。

⑧停机抽液时间设置：通常设定值为 3600s。

（2）设备运行时的参数与操作

1）系统运行的声音：压缩机运行中，压缩机及电机均不得有异常声音；循环泵运行中，不得有异常声音。

2）系统运行的电流：压缩机运行中，压缩机电流在吸、排气压力无变化时处于平稳状态，不应有大摆动；循环泵运行中，泵电流应该合理范围内，不应偏大或偏小。

3）通常运转参数如表 4.2-5 所示。

制冷系统正常运行时参数　　　　　　　　　　表 4.2-5

项目	氨侧运行参数	项目	CO_2 侧运行参数
排气压力(MPa)	$1.0\sim1.3$	循环桶压力(MPa)	$0.08\sim0.1$
吸气压力(MPa)	$-0.006\sim0.05$	循环桶液位(%)	$40\sim60$
标准油压(MPa)	$0.25\sim0.3$	循环泵压差(MPa)	$0.25\sim0.3$
排气温度(℃)	$45\sim90$		
吸气温度(℃)	$-50\sim20$		
标准给油温度(℃)	$40\sim50$		

4）压缩机运行与整个系统协调一致，压缩机吸气温度比蒸发温度高 $5\sim15$℃，排气温度不超过 90℃（螺杆压缩机）。

5）调整油压高于排气压力 $0.15\sim0.3$MPa，具体见机组操作说明书。

6）调整油冷却器冷却水流量或制冷剂流量，保持油温在 $40\sim45$℃。

7）调整油分离器回油阀，通过回油阀视镜观察回油情况，以能看见回油油滴又略带气体为合适。

8）调整经济器热力膨胀阀的开启度，使经济器中冷出气温度高于中间压力对应的饱和温度 $7\sim10$℃之间为宜。热力膨胀阀调整方法，：面对调整杆，逆时针旋转一圈，过热度减小 1℃，反之，则增加 1℃。调整时以一圈为最大调整量（可分别调 1/4 圈，1/2 圈，3/4 圈和 1 圈）。每次调整后，设备要运行 20min 以上，使工况稳定，然后观察是否满足使用要求。如不能满足要求，可进行第二次调整，直至达到要求。

9）压缩机排温度过高时，判断其原因，如果是中冷供液不足，应及时调整中冷供液量（将中冷膨胀阀开大）。

10）观察压缩机的运行状态，若压缩机仍无法正常运行时，须立即停车，查明原因。

①单机双级压缩机停机操作：按压缩机操作界面"停止"按钮，等待压缩机的正常卸载停机，如遇紧急情况可直接按压缩机操作界面"急停"按钮。

②系统停机时维持机组启动说明：

a. 维持机组运行：当 CO_2 桶泵压力高于维持机组启动桶压设置时，维持机组自动运行，待桶压降至系统设置值，自动关闭。

b. 主机强制运行：当 CO_2 桶泵压力高于主机强制启动桶压设置时，主机强制自动运行，待桶压降至系统设置值，自动关闭。

c. CO_2 泄压阀开启：当 CO_2 桶泵压力高于泄压阀开启设置值时，泄压阀自动间断开启，待桶压降至系统设置值以下 0.1MPa 时，泄压阀自动关闭。

③中间冷却器操作规程：

a. 在使用中，要开启中间冷却器的进气阀、出气阀、浮球阀（或电磁控制阀）、指示器阀、蛇形盘管进出液阀和安全阀，关闭放油阀及排液阀。

b. 中间冷却器在使用中，操作人员应根据机器的耗油量，进行放油操作。

c. 中间冷却器停止工作时，压力不得超过 0.39MPa，若超过上述压力时，须及时减压。如中间冷却器较长时间不用时，须将中间冷却器内液体排空。

④高压储氨器操作规程：

a. 使用储氨器过程中，应开启其进液阀，出液阀、气体均压阀、压力表阀、安全阀、关闭放油阀。

b. 储氨器在使用中，须保持液面相对稳定，将液面控制在 30%～80%之间。

c. 保持储氨器压力与冷凝器压力一致，不得超过 1.6MPa。

d. 储氨器应每月放油一次。放油时，放油阀微开，待放油管结霜时，停止放油，关闭放油阀。

⑤CO_2 低压循环桶操作规程：

a. 使用 CO_2 低压循环桶时，应开启进气阀、出气阀、出液阀、压力表阀、安全阀；由液位控制器控制供液阀的开关。

b. 在使用低压循环桶时，严格控制液位，最高液位不得超过 70%，最低液位不得低于 20%。

c. 循环泵开启后，观察泵压差和电流是否在合理范围内。

⑥集油器操作规程：

a. 将集油器排空减压，使其处于待工作状态。

b. 开启集油器进油阀，由所需放油设备向集油器放油。

c. 待放油设备放油完毕，关闭集油器进油阀，开启集油器减压阀。对集油器淋水，以促使混在油中氨的蒸发。

d. 当集油器中的溶氨基本蒸发完时，关闭抽气阀。

e. 开启集油器放油阀，将油放入贮油器中。

f. 放油完毕，关闭放油阀，开启抽气阀。

⑦放空气操作规程（必须进行分段放空，防止不同部位气体相互影响）：

a. 开启混合气体阀，使混合气体进入放空气器内。

b. 开启回气阀，微开供液膨胀阀。

c. 将放空气器管口插入流动水容器内，微开放空气阀。

d. 当放空气器底部由于沉液过多而发凉或结露、结霜时，应关闭供液阀，打开旁通管膨胀阀，空分内进行自循环。

e. 当放空气器温度上升后，应关闭旁通膨胀阀，重开供液膨胀阀。

f. 当系统高压压力明显降低，排气温度下降，机器排气压表指针不剧烈跳动，放空气流动水呈乳白色，水温上升，放空气器口有噼啪声时，表示放空气结束。

g. 停止放空气时，依次关闭供液阀，混合气体阀、放空气阀、开启旁通管膨胀阀，抽净器内液体后关闭旁通管膨胀阀。

h. 放空气时注意膨胀阀不能开得过大，其液量以回气管结霜长度 1.5m 为宜，停止放空气时，应在关闭混合气体阀后，立即关闭放空气阀，间隔时间不能过长。间隔时间过长会造成器内压力降低，将水吸入放空气器内。

（3）设备运行故障分析与处理

制冷系统的运行状况是通过运行参数反映出来的，重要的参数有：压缩机排气温度、压缩机吸气温度、喷油温度、蒸发压力、蒸发温度、冷凝压力、电压、电流及油位、CO_2 循环桶压力、CO_2 循环桶液位、CO_2 循环泵压力情况等。应检查确保所有的连接螺栓无松动，系统无泄漏，过滤器无堵塞，冷冻油无变色等，运行试验过程中常见现象的处理应按表 4.2-6、表 4.2-7 进行（但不限于）。

开启式压缩机制冷系统常见运行状况分析与处理方法　　　　表 4.2-6

现象	原因	对策
压缩机不能正常开机	能量调节未至零位	减载至零位
	压缩机与电机同轴度超差	重新校正同轴度
	压缩机内部充满油或液体制冷剂	盘压缩机联轴器,将机腔内积液排出
	压缩机内部磨损烧伤	拆卸检修
	电源断电、电压过低或电气故障	排除电路故障,按产品要求供电
	压力控制器或温度控制器调节不当,使触头常开	按要求调整触头位置
	压差继电器或热继电器断开未复位	按下复位键
	电机绕组烧毁或短路	检修
	电位器、接触器、中间继电器线圈烧毁或触头接触不良	拆检、修复
	电控柜或仪表箱电路接线有误	检查、改正
	机组内部压力太高	检查均压阀
压缩机在运转中突然停机	控制电路故障	查明原因、排除故障
	仪表箱接线端松动,接触不良	查明原因后上紧
	电机超载使继电器动作或保险丝烧毁	排除故障,更换保险丝
机组振动过大	机组地脚螺栓未紧固	塞紧调整垫铁,拧紧地脚螺栓
	压缩机与电机同轴度偏差过大	校同心度
	机组与管道固有振动频率相近共振	改变管道支点位置或增加固定点
	吸入过量冷冻机油或液体制冷剂	停机、盘动联轴器将液体排出
运行中有异常声音	压缩机内有异物	检修压缩机吸气过滤器
	轴承磨损破裂	更换
	轴承磨损、转子与机壳摩擦	更换轴承、检修
	联轴器松动	检查联轴器
排气温度过高	压缩机不正常磨损	检查压缩机
	机内喷油量不足	调整喷油量
	油温过高	增加油冷却器冷却水量,降低油温;检查统工质液流通路
	吸气过热度过大	适当开大供液阀,增加供液量
压缩机本体温度过高	部件磨损造成摩擦部位发热	停机检查
	油冷却器能力不足	增加冷却水量(液氨量),降低油温
	喷油量不足	增加喷油量
	由于杂质等原因造成压缩机烧伤	停车检查

现象	原因	对策
油压过低	油压调节阀开启过大	适当调节
	油路管道或油过滤器堵塞	清洗
	油泵故障	检测油泵
油压过高	油压调节阀开启太小	适当增大开度
	油温传感器损坏	检修,更换
	油泵排出管堵塞	检修
油温过高	油冷却器效果不降	清除油冷却器传面上的污垢,降低冷却水温或增大水量(液氨量)
	液冷系统安装不正确,不能保证充分供液、排气	检查系统
	排气温度高	见排气温度高故障分析
	油冷壳程有过多气体	排除壳程气体
排气压力过高	冷凝器故障	检查冷凝器
	排气阀开启度不够	开大排气阀
	系统内存在过多不凝性气体	氨系统需要逐个部件单独进行排空
冷冻油量消耗量过大	加油过多	放油到规定量
	压缩机吸进过多液体	查明原因、进行处理
	油分离器回油不佳	检查回油通道
	增载或减载速度过快	正确操作
压缩机轴封漏油(允许值为3mL/h)	轴封磨损过量	更换
	动环、静环平面度过大或擦伤	研磨,更换
	密封圈、O形环过松、过紧或变形	更换
	弹簧座、推环销钉装配不当	重新装配
	轴封弹簧弹力不足	更换
	轴封压盖处密封垫破损	更换
	压缩机与电机同轴度过大引起较大振动	更新校正同轴度
停机时压缩机反转不停(反转几转属正常)	吸气单向阀故障	检修或更换
蒸发器压力与压缩机吸气压力不相等	吸气过滤器堵塞	清洗过滤器
	压力传感器元件故障	更换
	阀门操作错误	检查吸气系统
	管道堵塞	检查、清理
	压缩机液击	检查
压缩机及油泵轴封的泄漏	由于进入了灰尘之类而损伤了轴封	拆卸修理
	密封垫的损伤	拆卸更换
	由同心度不良引起振动	重新调整同心度

续表

现象	原因	对策
压缩机的能量控制不动作	由于指示表处的故障，即使动作也不显示（指示表处凸轮等定位螺栓松动）	检修紧固
	油压系统堵塞	检查、清洗阀组
	控制回路的故障（电磁阀组控制器的故障）	检查、修理或更换
	卸载活塞粘附或粘合	拆卸清洗

CO_2 循环桶常见运行状况分析与处理方法　　　　　　　　表 4.2-7

现象	原因	对策
桶泵不能正常启动	液位达不到启动液位	检查液位装置
	屏蔽泵不能启动	检查屏蔽泵电流、转向
	电源开关位置	调整调整电源开关位置
	压差控制器报警	复位、重新设置压差
单冻机降温缓慢	屏蔽泵切换频繁	观察前后压差、设置参数
	库顶电磁阀未开	检查电磁阀通断
	循环桶内压力较高	注意循环桶内压力
循环桶内压力高	主机降温缓慢	观察主机运行是否正常
	维持机组不起作用	参数重新设置
	循环桶内有其他气体	开启泄压电磁阀进行排气
磁翻板液位计失灵	磁浮子失灵	系统中存在水分，拆卸液位计更换磁浮子
	过滤器滤芯失效	检查视液镜颜色，更换干燥滤芯
检修过程中出现干冰	封闭管路内，压力失衡	在检修过程中应保持封闭管路内压力（气体侧阀门部分打开），从底部放出 CO_2 液体，如果出现干冰，做好管路隔离，等干冰自然挥发

　　整个调试过程中应及时填写相关记录表格，应做好设备和场地清洁。机组连续正常运行 8h 无异常现象，认为运行调试完成。机组累计运行时间达 24～30h，应更换过滤器滤芯及相关密封件。

　　调试完成后，如暂不使用设备，应按机组随机说明书上规定的长期停机保养要求进行相关操作。

4.3　CO_2 制冷系统特殊情况下的安全操作规程

4.3.1　CO_2 制冷系统在长时间断电情况下的操作

　　大型 CO_2 制冷系统用户需要自备发电机，发电机功率需要匹配系统维持机组运行的功率及环境温度，在断电情况下维持机组可以开启，维持 CO_2 制冷系统压力的稳定，如图 4.3-1 所示。

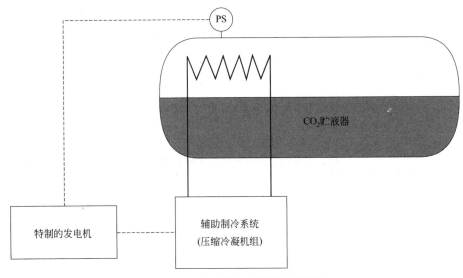

图 4.3-1 辅助制冷系统断电运行图

4.3.2 CO$_2$ 制冷系统在长时间停用情况下的操作

若长时间停用，考虑到 CO$_2$ 压力回升的特性，需将 CO$_2$ 排出循环桶，并维持桶内正压，防止水汽进入系统内，产生冰堵等情况，气体排出时需开启排风扇或者导出室外旷通风处，防止窒息的风险。

在 CO$_2$ 排放过程中当系统内有液体时，需要注意保持系统最低压力高于形成干冰的压力，可以通过间断排放的方式进行，直到确认系统中液体全部蒸发才可进一步降低系统中压力。

4.3.3 CO$_2$ 制冷系统在补充 CO$_2$ 情况下的操作

制冷系统补充 CO$_2$ 液体时（钢瓶装或槽车装），质量应符合现行国家标准《高纯二氧化碳》GB/T 23938 的有关规定。如果达不到相应的纯度要求，系统中会出现不凝性气体及水分，造成系统压力高，影响制冷效果。同时水分的存在不仅会在系统内形成冰晶堵塞控制阀、过滤器、电磁阀等系统部件，CO$_2$ 还会形成碳酸，碳酸对金属具有相当高的腐蚀性。对于 CO$_2$ 系统始终要求进行泄漏检测和良好通风。

4.4　CO$_2$ 在商超制冷中的应用

4.4.1　CO$_2$ 研究背景与应用现状

商超建筑既是商业建筑的一种，有夏季空调、冬季供暖的需求，又是冷链物流的一个重要环节，起到食品分销的作用，同时有冷冻冷藏的需求。商超建筑的这一特殊性，使其制冷空调能耗及制冷剂用量大。据报道，冷冻冷藏能耗约占大型超市总能耗的 30%，占小型便利店总能耗的 60% 以上，如果再考虑空调、供暖能耗，商超建筑的制冷空调能耗将进一步增大。此外，当前氟利昂 R22 和 R404A 等高温室效应（GWP）的制冷剂在我国商超建筑中仍大量使用，如图 4.4-1 所示。据计算，由制冷耗能导致的间接温室气体排放以及制冷剂泄漏导致的直接温室气体排放，占商超建筑总温室气体排放的 90％以上。因此，商超建筑的制冷空调装备有巨大的节能减排潜力。

我国始终重视制冷空调行业的节能减排工作，先后加入了《蒙特利尔议定书》及其基加利修正案，按要求对我国高臭氧破坏潜能（ODP）和 GWP 的制冷剂分阶段进行管控使用。国家发展改革委等七部委又于 2019 年 6 月联合发布了《绿色高效制冷行动方案》，对我国制冷空调行业提出了明确的节能目标，要求到 2030 年，大型公共建筑制冷能效提升 30％，制冷总体能效水平提升 25％以上，绿色高效制冷产品市场占有率提高 40％以上，实现年节电 4000 亿 kWh 左右。更进一步，我国于 2020 年 9 月提出 2030 年前实现碳达峰并努力争取 2060 年前实现碳中和的宏伟目标。因此，加速推动环保制冷剂的应用，提升制冷装备

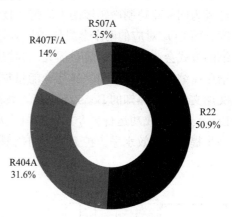

图 4.4-1　我国商超冷冻冷藏系统制冷剂应用比例

的能效水平，是包括商超制冷在内的我国制冷空调行业未来发展的重中之重，刻不容缓。

以 CO_2 为代表的天然制冷剂，因其优异的环保特性，被认为是制冷剂替代的最终方案。自 20 世纪 90 年代 Lorentzen 宣示其复兴以来，CO_2 被广泛应用于商超、冰场、热泵、汽车空调和工业冷冻机等，其中在商超制冷领域，跨临界 CO_2 制冷更是成了主流替代技术。近几年，商超 CO_2 制冷技术主要发展和应用在欧洲，其次是日本，我国还处于起步阶段，发展和应用规模远远落后。据 Shecco 提供的 2020 年 10 月的最新数据显示，跨临界 CO_2 制冷系统已在欧洲 29000 家、日本 5000 家超市应用，在我国仅有 5 家超市应用。此外，与 2019 年和 2018 年的数据相比，欧洲和日本以 10％～80％的比例增长，而我国应用总数几乎没有变化，仅比 2018 年多 1 家。

4.4.2　商超 CO_2 制冷系统发展历程

CO_2 在商超制冷领域的应用及发展历程，本质上是其能效进一步提升的过程，商超 CO_2 制冷技术的发展历程如图 4.4-2 所示。

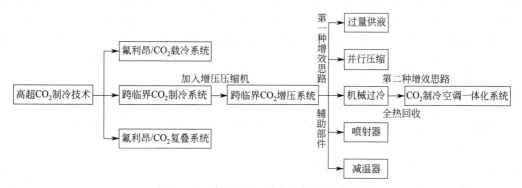

图 4.4-2　商超 CO_2 制冷技术发展历程图

　　CO_2 在商超制冷领域的应用主要有三种形式：1）在氟利昂/CO_2 载冷系统中用作载冷剂；2）在氟利昂/CO_2 复叠制冷系统中用作低温循环制冷剂，其系统原理图如图 4.4-3 所示；3）跨临界 CO_2 制冷系统，即系统中仅使用 CO_2 制冷剂，因其突出的环保效益，已成为国外商超制冷领域的主流替代技术。由于商超冷冻冷藏系统需要中、低两个蒸发温度，而 CO_2 对应的两个蒸发压力压差较大，所以采用中温压力节流至低温压力后混合压缩的方式会造成大量的能量损失。为提升能效，欧洲科研工作者提出在中低温压力间加入增压压缩机的方式来消除这部分能量损失，该系统被称为商超 CO_2 增压制冷系统，即英文论文中广为熟知的 Booster 系统，其系统原理图如图 4.4-4 所示。从 2007 年世界第一台 Booster 系统成功运行至今日，在国外尤其是欧洲对这种系统进行了大量研究，以期望进一步提升其能效水平，扩大其应用范围。

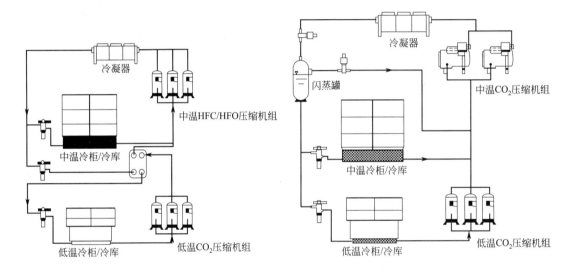

图 4.4-3　商超用氟利昂/CO_2 复叠制冷系统原理图　　图 4.4-4　商超 CO_2 增压制冷系统原理图

　　当前，商超 CO_2 增压制冷系统的增效思路有两种。第一种是依靠辅助部件对系统的热力循环进行改进及优化控制，以提升系统在高环境温度下的能效水平。常见的一些方法有：对蒸发器进行过量供液以提升 CO_2 蒸发温度；设置并行压缩机消除储液器中饱和 CO_2 气体的节流损失；通过机械过冷的方式降低气冷器出口 CO_2 温度，以增大系统过冷度同时降低最优高压压力；使用单个或多喷射器回收部分 CO_2 节流损失，提升中温压缩机吸气压力，降低压缩比；使用减温器降低中温压缩机吸气温度。以上改进方法可以组合使用，可形成多种适用不同气候地区的商超 CO_2 制冷解决方案。过量供液、并行压缩和机械过冷增效的商超 CO_2 增压制冷系统原理图分别如图 4.4-5 和图 4.4-6 所示。

　　Cui 等对多种典型的商超 CO_2 增压制冷系统在中国应用的可行性进行了评估，并与当前中国商超常用的冷冻冷藏系统进行了对比分析。研究结果显示，过量供液和并行压缩增效的商超 CO_2 增压制冷系统能效最高，其年能效比最大可提升 23.2%，如图 4.4-7 所示。此外，该系统在中国应用的平均投资回收期小于 5.5 年，变暖影响总当量最大可降低 52.9%，分别如图 4.4-8 和图 4.4-9 所示。商超 CO_2 增压制冷系统在中国北方地区应用的经济和环保效益显著，然而该系统在我国南方地区应用的经济效益很差，投资回收期很高甚至无法回收成本，这成了 CO_2 制冷技术在我国商超制冷领域应用的重要阻力，需要进一步提升该系统的能效。

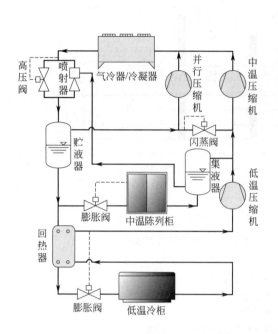

图 4.4-5　过量供液和并行压缩增效的
商超 CO_2 增压制冷系统原理图

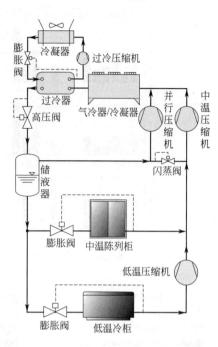

图 4.4-6　机械过冷和并行压缩增效的
商超 CO_2 增压制冷系统原理图

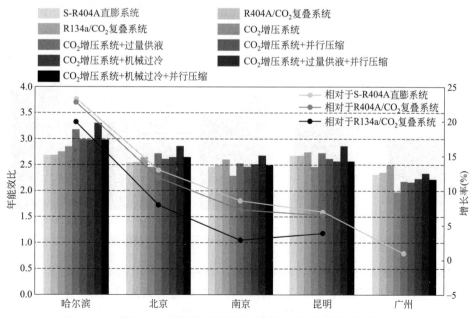

图 4.4-7　商超 CO_2 增压制冷系统在中国典型气候条件下的能效水平

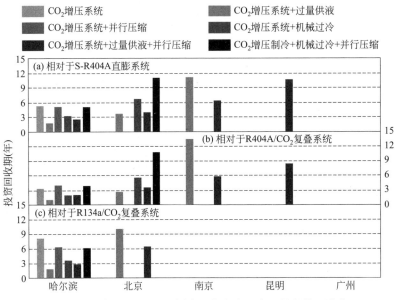

图 4.4-8　商超 CO_2 增压制冷系统在中国应用的投资回收期

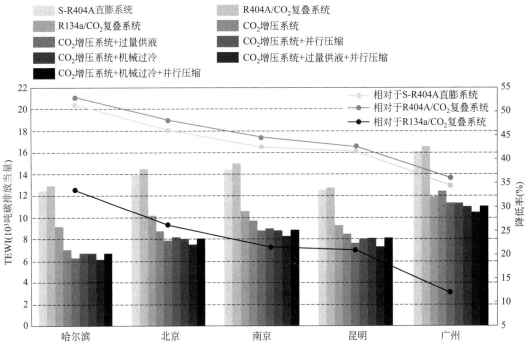

图 4.4-9　商超 CO_2 增压制冷系统在中国应用的变暖影响总当量

　　考虑到商超供暖及热水需求，而 CO_2 增压制冷系统高压侧有大量废弃余热，同时 CO_2 又有着优异的制热性能，因此第二种增效思路就是对系统进行余热回收，用于超市供暖及生产热水，同时又将储液器中的 CO_2 分出一部分用于夏季空调。这样在第一种增效思路的基础上形成了商超 CO_2 制冷空调一体化系统，该系统进一步解放了商超原有的氟利昂热泵系统，仅使用 CO_2 作为制冷剂，同时又可满足商超的所有冷热需求，系统综合能效和环保特性显著提升。当前，已有文献报到的最高效的商超 CO_2 制冷空调一体化系统如图 4.4-10 所示，该系统从理论上已被证明在全球任何气候条件下，其年运行总能耗均低于氟利昂制冷系统。

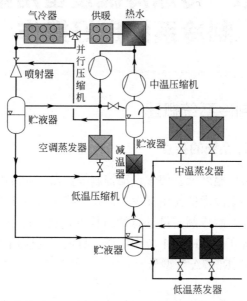

图 4.4-10　商超 CO_2 制冷空调一体化系统原理图

4.4.3　商超 CO_2 制冷系统未来趋势

商超 CO_2 制冷技术主要发展和应用在欧洲，其次是日本，我国还处于起步阶段，发展和应用规模远远落后。我国在这一领域落后的原因，主要是政策和技术两方面，尤以后者突出。政策方面，我国当前制冷剂替代速度慢于欧洲和日本，替代力度不如欧洲 F-gas 法案要求的大，这主要是发展中国家的国情决定的，随着时间推移及上述我国节能减排任务和承诺的落实，CO_2 制冷技术在我国商超制冷领域的应用将会逐渐增长。技术方面，CO_2 制冷循环的高温能效衰减特性，导致其不适合在高环境温度下应用。我国尤其是南方地区地理纬度比欧洲和日本低，年平均气温更高，这导致原本在欧洲和日本可以高效运行的商超 CO_2 制冷系统可能不适合在我国南方地区应用。相关研究结果也证明了这一观点，当前常见的一些商超 CO_2 增压制冷系统在我国南方地区应用的效益很差，投资回收期很高甚至无法回收成本，这成为 CO_2 制冷技术在我国商超制冷领域应用的重要阻力。尽管当前基于多喷射器等增效的商超 CO_2 制冷解决方案（见图 4.4-10），从理论上已被证明在全球任何气候条件下，其年运行总能耗均低于氟利昂制冷系统。然而，多种增效方法的集成应用导致该系统非常复杂，带来了较高的初投资和维护成本，以及实际运行高效控制等难题，故其在我国南方地区应用的可行性仍然不高。因此，如何进一步提升商超 CO_2 制冷系统在高环境温度下的能效水平，增大其实际运行经济效益，以扩大其在以我国南方地区为代表的炎热气候地区的应用范围，是未来这一技术研究领域亟需解决的重要科学问题。

第5章　冷冻冷藏设备用氟利昂制冷系统良好操作

5.1 氟利昂冷库制冷系统概述

5.1.1 氟利昂冷库制冷系统的特点

氟利昂因毒性小、蒸发温度低及便于自动控制等优点，在冷库中应用较多。由于氟利昂价格昂贵，国内在大中型冷库中使用极少，但在一些小型冷库中采用直接供液方式，以热力膨胀阀与电磁阀配合对制冷剂流量进行调节控制，使制冷系统比较简单，操作方便，所以氟利昂冷库制冷系统在小型冷库中应用广泛。目前广泛应用于冷库中的氟利昂制冷剂有 R134a、R22、R404A、R507A 等型号。

1. 氟利昂的溶油性

氟利昂制冷剂能和与之相对应的润滑油相互溶解。随着氟利昂制冷剂的流动，润滑油可以遍及制冷设备和管道的各个部分，这样也增加了系统的含油量。由于润滑油会随着温度的升高而蒸发，与氟利昂制冷剂互溶后，使氟利昂液体黏度增大，容易造成制冷压缩机失油等问题。因此，氟利昂制冷系统需要特别考虑回油问题，可以从管道配置和供液方式等方面采取相应的措施加以解决。

2. 氟利昂的溶水性

氟利昂制冷剂几乎不溶于水。一旦氟利昂制冷剂中有水存在，容易在节流阀处产生冰堵问题。此外，水容易腐蚀设备和管道。因此，氟利昂制冷系统必须在节流阀前加装干燥过滤器，以保证制冷系统的正常运转。

3. 系统的供液方式

氟利昂制冷系统供液方式主要有直接膨胀式供液、重力供液和泵供液三种，其中以采取直接膨胀式供液方式最为广泛。氟利昂制冷系统在直接膨胀式供液中，首先应满足回油要求，其次才考虑供液均匀的问题。因此，一般都采用有利于系统回油的上进下出式供液方式，并辅以分液器或在配管上采取措施使其均匀供液。

4. 采用回热循环

回热循环在氟利昂制冷系统中应用普遍。采用回热循环，一方面能使膨胀前的制冷剂具有较大过冷度，减少节流损失和闪发气体产生，进而提高氟利昂制冷剂分配的均匀性，减小库温的波动；另一方面，回热循环能够保证进入制冷压缩机的制冷剂都为蒸汽状态，避免发生液击。

5.1.2 氟利昂冷库制冷系统的组成

氟利昂冷库制冷系统由高压和低压两部分组成。高压部分是由压缩机排气管段、油分离器、冷凝器、储液器、干燥过滤器、热力膨胀阀进液端等组成。低压部分是由热力膨胀阀出液端、蒸发器、压缩机吸气管段等组成。

5.1.3 氟利昂冷库制冷系统的工作原理

如图 5.1-1 所示，压缩机 1 从蒸发器 11 中吸气，经压缩后，进入油分离器 2，利用流速降低及离心力的原理和机械过滤的作用，将蒸气中携带的油分离，然后进入水冷式冷凝器 3，冷凝成饱和液体贮存在贮液器 4 中。贮液器既可以起到液封的作用，还能贮存液体和调节供液量。液体制冷剂经贮液器的出液阀进入干燥过滤器 5，去除制冷剂中的杂质和水分，以免引起系统在热力膨胀阀处发生脏堵或冰堵。然后制冷剂再进入回热器 6，被从盘管出来的蒸气过冷，它不仅防止压缩机的液击，而且提高制冷量和减少有害过热。过冷后的液体制冷剂经电磁阀 7 进入热力膨胀阀 8，电磁阀 7 在系统中起开闭作用，和压缩机电动机同时动作。压缩机启动时电磁阀通电开启，使系统接通，压缩机停机时，电磁阀断电关闭，系统切断，这样可防止大量液体制冷剂进入蒸发器，以免下次压缩机启动时产生湿冲程。制冷剂经热力膨胀阀 8 节流减压后压力和温度都降低，然后经截止阀 9 和分液器 10 分别进入冷库的各组蒸发器 11（蒸发盘管）。截止阀 9 是为检修热力膨胀阀时，将它关闭，切断系统，避免空气进入系统或系统中的制冷剂大量外泄。为保证运行的经济和安全还安装了高低压力控制器 13，使装置的高、低压力控制在某一数值，从而使高压不致过高以保护机器的安全运行，低压不致过低以保证运行的经济性。温度控制器 12 是使库温控制在所需要的数值内。此外对冷量较大的制冷压缩机，为了安全运行还装有油压继电器和水量调节器。

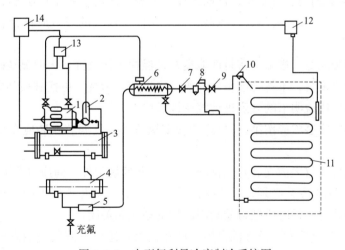

图 5.1-1 小型氟利昂冷库制冷系统图

1—压缩机；2—油分离器；3—水冷式冷凝器；4—贮液器；5—干燥过滤器；6—回热器；7—电磁阀；
8—热力膨胀阀；9—截止阀；10—分液器；11—蒸发器；12—温度控制器；13—高低压控制器；14—电磁开关

5.2 氟利昂冷库制冷系统安装和运行维护过程的良好操作

5.2.1 氟利昂冷库制冷系统安装过程的良好操作❶

1. 制冷压缩机（机组）及制冷设备的安装

（1）制冷压缩机的安装应按设备技术文件的要求进行，必要时可用成对斜垫铁调平。

（2）密封完好的制冷压缩机可直接安装，如果密封失效或有明显缺陷，必须检查，在确认其符合设备制造厂商的出厂标准后方可安装。

（3）制冷机组安装水平度应符合设备技术文件的要求，如果技术文件中无安装水平度具体要求时，可按机组的纵向和横向安装水平度均不大于 1/1000 执行，必要时可用成对斜垫铁调平。

（4）密封完好的制冷机组可直接安装，如果密封失效或者有明显缺陷，必须进行检查，在确认其符合设备制造厂商的出厂标准后方可安装。

（5）制冷设备的安装应符合现行国家标准《制冷设备、空气分离设备安装工程施工及验收规范》GB 50274 的有关规定。

（6）制冷设备的安装除应符合设计文件和设备技术文件的规定外，对密封完好的制冷设备可直接安装，可不进行单体气密性试验和吹扫。

2. 阀门、过滤器、自控元件及仪表安装

（1）安装前必须核对阀门、过滤器、自控元件及仪表的型号、规格及各项参数是否符合工程设计文件的要求；是否具有出厂合格证书及使用说明书等技术文件。

（2）阀门、过滤器、自控元件及仪表安装，除应符合设计文件和使用说明书的规定外，尚应符合下列要求：

1）丝扣连接的阀门、过滤器、自控元件及仪表，禁止用施焊的方法进行连接。

2）除有特殊要求外，阀门、过滤器、自控元件及仪表的安装应符合制冷系统中工质的流向。

（3）对于包装完好，进出口密封性能良好，经检查无锈蚀，无明显缺陷，并在其保用期内的阀门可直接安装；不符合该条件的阀门应拆卸、清洗，更换破损和失效元件，并逐个按设计文件和使用说明书的规定进行气密性试验。

（4）过滤器的安装除应按第（3）条的规定执行外，其滤芯安装应在系统排污和试压合格后进行。

（5）自控元件及仪表的安装除应符合第（3）条的规定外，尚应符合下列要求：

1）自动阀阀芯的安装必须在系统排污后进行，如果阀芯不可拆卸或按使用说明书要求不宜拆卸，则系统排污时应把自动阀门前后的截止阀关闭。

2）对于不符合直接安装条件的自控元件及仪表，还应参照其说明书进行动作灵敏性试验。

（6）安全阀应按照设计文件规定的参数和安全生产监管部门的相关规定进行校验、铅

---

❶ 根据《氢氯氟烃、氢氟烃类制冷系统安装工程施工及验收规范》SBJ 14—2007 整理。

封。对于符合设计文件规定参数，阀体包装及铅封完好，无锈蚀、无明显缺陷，有完整的制造厂出厂校验记录（应在其保质期内）及产品合格证的安全阀，可拆除其包装直接安装，不必再次进行校验。

3. 管道加工、焊接与安装

（1）一般规定

1）制冷系统管道、管件的材质、规格、型号以及焊接材料的选用，应根据设计文件、使用工况（工作压力、工作温度等）的要求确定。

2）当制冷系统管道的材质为输送流体用无缝钢管（以下简称"钢管"）时，在管道制作安装前，应对钢管的内表面逐根进行清洁使其露出金属光泽，并对其外表面进行除锈防腐处理，其质量要求应符合设计文件的规定。

3）经清洁合格的钢管应逐根进行烘干，然后对管子的两端进行封闭或充氮保护，并于干燥通风避雨的地方码放整齐，以备管道预制与安装时使用。

（2）管道加工

1）管道应用割管器切割。切割过程中不得使用润滑油，切口应平整，不得有毛刺、凹凸等缺陷，切口允许倾斜偏差小于或等于管径的 1%。

2）管口翻边后应保持同心，不得有开裂及皱褶，并应有良好光滑的密封面。

3）配管施工完成后可用表压为 0.5～0.6MPa 的氮气进行吹扫，不得用未经干燥处理的压缩空气进行吹扫。不得用钢刷清刷铜管。管内不应残留垃圾、水分等杂物。

4）吹扫过的管子必须两端密封后整齐存放，存放处温度不得低于环境温度。

5）制冷系统管道上所有开孔及管口，在施工前和施工停顿期间，必须加以密封。

（3）管道焊接

1）不同管径的管子对接焊接时，其垂直管路应采用异径同心接头。焊接时其内壁做到平齐，内壁错边量不应超过壁厚 10%，且不大于 1mm；对水平管路则应采用异径偏心接头，当管路内输送的介质为气相时，应选择上平安装方式，当管路内输送的介质为液相时，则应选择下平安装方式。

2）管道焊缝的位置应符合下列要求：

①管道焊接口距弯管起弯点不应小于管子外径，且不小于 100mm（不包括压制弯头）。

②直管段两对接焊口间的距离，当公称直径大于或等于 150mm 时不应小于 150mm，当公称直径小于 150mm 时不应小于管子外径。

③管道对接焊口与管道支、吊架边缘的距离以及距管道穿墙墙面和穿楼板板面的距离均应不小于 100mm。

④不得在焊缝及其边缘上开孔，管道开孔时孔边缘距焊缝的距离不应小于 100mm。

3）对钢管每条焊缝施焊时应一次完成，焊缝的补焊次数不得超过两次。

4）严禁在管道内有压力的情况下进行焊接。

5）焊接应在环境温度 5℃以上的条件下进行。如果气温低于 5℃，焊接前应注意清除管道上的水汽、冰霜，并要预热使被焊母材有手温感。预热范围应以焊口为中心，两侧不小于壁厚的 3～5 倍。当使用氩弧焊机焊接时，在风速大于 2m/s 时应停止焊接作业。

6）铜管钎焊温度应控制在高于该钎料熔化温度 30～50℃。

7）铜管钎焊接头应采用插接接头的形式，其承插长度按设计文件要求，不应采用对接接头。钎焊接头表面应采用化学法或机械法除去油污、氧化膜。钎焊接头的装配间隙应均匀，不应歪斜，两母材接头间隙对大直径焊件钎焊间隙为 0.2～0.5mm，对小直径焊件钎焊间隙宜取 0.1～0.3mm。

8）制冷铜管钎焊用钎料可按表 5.2-1 选用。

铜管钎焊用钎料　　　　　　　　　　　　　　　　　　　　　　表 5.2-1

铜磷钎料类(主要有)	料 201	料 202	料 204	料 208 等
银基钎料类(主要有)	料 302	料 303	料 312	
FWL 系列超银钎料(主要有)	FWL-IB	FWL-IC	FWL-2C	

9）吊顶式冷风机、换热器部件等铜管钎焊时采用超银焊料（FWL-2C）或者银基钎料（料 303、料 312）。

10）铜-钢接头钎焊时应采用银基钎料（料 302、料 303）。

11）对于直径较大的铜集管（$DN \geqslant 50$mm）类零部件，其上的铜接管钎焊时，应使用超银钎料（FWL-2C 或料 303）。

12）对于受振动、冲击等载荷作用下工作的高压排气铜管管道接头钎焊时，应使用超银钎料（FWL-2C 或料 303）。

13）铜质吸气管和液体管道上应使用合适的银焊料。

14）为确保钎焊接头的质量，加热火焰必须通入"助焊剂"。

15）焊膏或焊剂用量要尽量限制，焊剂只能加在接头的凸部，不得加在其凹部，钎焊后需用湿布拭去多余的焊剂，焊件冷却后应除去氧化物。

16）管路与球阀焊接时，焊接前应将球阀打开至完全开启状态；管路与带密封材料的阀件焊接时，应先在阀体上包覆湿布再行焊接，并应尽量缩短加热时间。

17）除设计文件另有规定外，现场焊接的管道及管道组成件的对接纵缝和环缝、对接式支管连接焊缝应按现行国家标准《工业金属管道工程施工质量验收规范》GB 50184 的有关规定进行射线检测或超声检测。

18）对铜管钎焊缝应进行外观检查，焊缝表面应光滑，不得有气孔、未熔合、较大焊瘤以及钎焊件边缘被熔蚀等缺陷，必要时应进行渗透探伤。

（4）管道安装

1）制冷系统管道的坡向及坡度当设计无规定时，水平管段（包括液管和吸气管）至少应有 2‰ 的倾斜度。回气管应坡向制冷压缩机，液管则应坡向供液对象。

2）当制冷管道与设备、阀门的连接采用可拆卸连接时，可用法兰、丝扣喇叭口接头等方式。法兰连接垫片宜采用厚度为 1～2mm 耐油耐氟垫片，管径小于 22mm 的紫铜管可直接将管口做成喇叭口，用接头及接管螺母压紧连接，接口应清洗干净，不加填料。

3）管道焊接时必须采用惰性气体保护焊，焊接后继续通惰性气体直到冷却至常温为止。

4）管道采用紫铜管时，转弯处宜用弯管制成品。

5）热力膨胀阀的感温包不得安装在吸气管底部，不得暴露在极冷或极热位置，同时应将感温包与其贴附的管道一同进行保冷施工。

6）压缩机排气管需固定牢固，并应采取相应的防振措施。

7）管道支、吊架的形式、材质、加工尺寸应符合设计文件规定。管道支、吊架应牢固，并保证其水平度和垂直度。供液管和回气管应能自由膨胀伸缩，不得压紧或焊接在一起。

8）管道支、吊架焊缝应进行外观检查，不得有漏焊、欠焊、裂纹等缺陷。管道支、吊架应进行防锈防腐处理。

9）不带保冷层的管道支、吊架距离应符合表 5.2-2 的规定。带保冷层时，其支、吊架距离应取表 5.2-2 中最大间距的 0.7 倍。

制冷管道支、吊架间距　　　　　　　　　　表 5.2-2

管径(mm)	10	16	25	32	40	50
最大间距(m)	1.3	1.6	2.1	2.5	2.7	3

4. 制冷系统试验

（1）制冷系统在试压试漏前，应检查系统各控制阀门的开启状况，拆除或隔离系统中易被高压损坏的器件。

（2）制冷系统的气密性试验应在制冷系统检查合格后进行。系统内充注的气体应为干燥氮气，当制冷系统未发现漏点，保压 6h 后开始记录压力表读数，经 24h 后压力变化不大于 0.02MPa 为合格。当压力降超过以上规定值时，应查明原因，消除泄漏，并重新试验直至合格。由于环境温度变化引起的压力降应按下式进行验算：

$$\Delta p = p_1 - \frac{273 + t_1}{273 + t_2} p_2$$

式中　Δp——压力降，MPa；

$\quad\quad p_1$——试验开始时系统中气体的绝对压力，MPa；

$\quad\quad p_2$——试验结束时系统中气体的绝对压力，MPa；

$\quad\quad t_1$——试验开始时系统中的气体温度，℃；

$\quad\quad t_2$——试验结束时系统中的气体温度，℃。

（3）对低压系统进行压力试验之前，应将低压传感器/压力控制器等压力敏感部件与制冷系统管路隔离。

（4）制冷系统的气密性试验压力见表 5.2-3。

制冷系统气密性试验压力（单位：绝对压力 MPa）　　　表 5.2-3

制冷系统制冷工质	R134a	R22	R401A,R402A,R404A,R407A, R407B,R407C,R507	R410A
低、中压系统	1.2	1.2	1.2	1.6
高压系统	2.0	2.5	3.0	4.0

注：低、中压系统指自热力膨胀阀起，经蒸发器到制冷压缩机吸入口这一段制冷系统。高压系统指自制冷压缩机排气口起，经冷凝器到热力膨胀阀入口这一段制冷系统。

（5）制冷系统抽真空试验应在系统排污和气密性试验合格后进行。

（6）抽真空时除关闭制冷系统与外界有关的阀门外，应将制冷系统中的阀门全部开启。抽真空操作应分数次进行，使制冷系统内压力均匀下降。

（7）严禁用制冷压缩机进行制冷系统抽真空作业。

（8）抽真空前系统压力应减至 0.00MPa，所用真空泵应能抽真空至绝对压力 5.3kPa。

（9）抽真空初期除干燥过滤器前后两个阀门紧闭外，其余阀门应全部开启，2h 后再缓慢开启干燥过滤器前后的阀门。

（10）制冷系统抽真空至绝对压力 5.3kPa 后，继续抽真空 4h 以上，直至水分指示器颜色达到标定的深绿色，再保持 24h 真空度，系统绝对压力回升不大于 0.5kPa 为合格。

5. 制冷系统吹扫与清洁

（1）制冷系统的吹扫与清洁应分两次进行。管道吹扫是在管道施工完成后与制冷机组和蒸发器连接前，对各段管路分别进行吹扫排污处理。系统管道清洁是在制冷系统气密试验完成后，利用惰性气体的余压对制冷系统进行最后的排污。

（2）管道加工后应用氮气进行吹扫，不得用一般的压缩空气进行吹扫。

（3）用氮气吹扫时其压力应为 0.8MPa。

（4）制冷系统的气密性试验完成后，应在吸气和供液过滤器处设总排污口。对可拆式过滤器滤芯，在排污前应事先拆出。

（5）在距排污口 300mm 处设白色标试板检查，直至无污物排出为止。

（6）系统吹扫洁净后应拆卸可能积存污物的阀门，将其清洗干净后重新组装。

6. 制冷设备及管道的防腐与保冷

（1）制冷设备及管道的防腐工程施工，应在制冷系统整体安装施工完，系统压力与严密性试验合格后进行；其保冷工程施工则应在防腐处理结束后进行。

（2）管道安装后不易涂漆的部位可预先涂漆（焊缝部位在压力试验前不应涂漆）。

（3）制冷设备及无缝钢管制作的冷却排管、系统连接管道以及金属支、吊架其外表面防腐可采用涂漆的方法。对不锈钢、有色金属材质可不涂漆。

（4）涂漆前制冷设备及管道外表面的处理，应符合漆料产品的相关要求。当有特殊要求时，应按设计文件中的规定执行。

（5）涂漆施工时，应采取防火、防冻、防雨等措施，并不应在低温（低于 5℃）或潮湿环境下作业。最后一遍色漆，宜在安装完毕后进行。

（6）涂层质量应符合下列要求：

1）涂层应完整、均匀，无损坏、流淌，颜色应一致。其厚度和涂层数量应符合设计文件的规定。

2）漆膜应附着牢固，无剥落、皱纹、气泡、针孔等缺陷。

3）涂刷色环时，应间隔均匀，宽度一致。

（7）制冷设备及管道的保冷工程的施工应在其涂漆合格后进行。施工前，其外表面应保持清洁干燥。冬、雨期施工时应有防冻、防雨雪措施。

（8）制冷设备及管道的保冷工程所使用的绝热材料应有制造厂的质量证明书或权威质检部门的分析检验报告。其种类、规格、性能应符合设计文件的规定。

（9）当绝热材料及其制品的产品质量证明书或出厂合格证中所列的性能指标不全时，供货方应负责对下列性能进行复检，并应提交国家认可的具有相应资质检验部门出具的检验报告。

1）泡沫多孔绝热材料制品的密度、导热系数、吸水率、使用温度、阻燃性能和外形尺寸。

2）用于奥氏体不锈钢设备或管道上的绝热材料及其制品，应提交绝热材料的氯离子含量指标，且氯离子含量指标应符合下式：

$$\lg y \leqslant 0.123 + 0.677 \lg x$$

式中　y——测得的 Cl 离子含量，mg/L；

　　　x——测得的 $Na + SiO_3$ 离子含量，mg/L。

（10）当制冷设备及管道的保冷层厚度大于 80mm 时，必须分层施工。每层厚度应相近，各层均应敷设牢固、错缝压缝、接缝严密表面平整，层间接合紧密，无缺损现象。

（11）保冷设备或管道上的支座、吊耳、支架、吊架等附件必须进行保冷，其保冷层长度不得小于保冷层厚度的 4 倍或覆盖到垫木处。

（12）制冷设备或管道的保冷层采用浇注或喷涂施工时，其保冷层应与设备、管道等部件粘贴牢固，无脱落、发脆、发软、收缩等现象。

（13）保冷的管道穿过墙体或楼板时，其保冷层不得中断。

（14）制冷设备及管道保冷层厚度的允许偏差为 0～5mm。

（15）禁止将需保冷的容器上的阀门，铭牌、压力表及管件埋入容器的保冷层内。

（16）防潮层材料应符合下列规定：

1）必须具有良好的防水、隔汽性能；

2）不得对其他材料产生腐蚀、溶解作用；

3）应具备在气温变化与振动情况下保持完好的稳定性。

（17）保护层材料的质量，除应符合设计文件的规定外，必须符合下列规定：

1）采用不燃烧材料或难燃烧材料；

2）无毒、无嗅。

（18）防潮层、保护层的施工，其外形应平整，尺寸应符合设计文件的规定，不得有裂缝、穿孔、脱层等缺陷。

7. 制冷剂的充注及回收

在制冷剂的充注及回收作业时，操作人员应事先穿戴好防护手套、防护眼镜，准备好防护安全用具。

制冷装置制冷剂的充注必须在制冷系统整体气密性试验合格，并在制冷系统整体保冷工程完成并经检验合格后进行。充注前应将制冷系统抽真空，其真空度应符合设计及设备技术文件的要求。

（1）制冷剂的充注

1）所充注的制冷剂应符合设计文件规定，并应有产品合格证明书。

2）制冷剂的充注量应符合设计文件的要求。充注时应加装干燥过滤器，并应逐步进行。当制冷系统内的压力升至 0.1～0.2MPa 时，应对制冷装置进行全面检查，无异常情况后，再继续充注制冷剂。首次充注量可按设计文件规定量的 70% 进行，待制冷系统运行一段时间，视制冷压缩机的回汽压力变化，再向系统内补充部分制冷剂，直到制冷装置达到设计工况稳定工作，并应作好制冷系统制冷剂总体充注量的记录。

3）制冷剂的充注一般应在制冷系统的高压侧。单体类或共沸的混合型制冷剂 R134a、

R22、R507A 可以采用气态充注或液态充注，非共沸的混合型制冷剂 R401A、R402A、R404A、R407A、R407B、R407C、R410A 则必须采用液态充注。

4）使用后的一次性制冷剂包装物不得随意抛弃，不得随意排放余气，应按一般工业固废委托有资质的企业做无害化处理。

（2）制冷剂的回收

1）当制冷系统需要排空维修时，严禁将系统内制冷剂直接向外排放。应使用专用回收机将系统内剩余的制冷剂回收。

2）回收的混合工质制冷剂，须经过处理或再生并经过专业检验部门检验合格后，才能重复使用。对回收的单一工质的制冷剂，可经专用净化设备过滤、净化后，在制冷设备维修完毕后直接充注回原制冷系统。

3）制冷剂回收时，禁止再次充装一次性钢瓶，应按不同制冷剂牌号对应的饱和蒸气压，选择合适工作压力的钢制焊接气瓶。WP（工作压力）为 4MPa 的钢瓶，可充装所有常用氟利昂类制冷剂，其中 R410A、R32 仅允许充装在 4MPa 钢瓶内；WP 为 3MPa 的钢瓶，可充装 R22、R404、R407、R507A 等牌号的制冷剂；WP 为 2MPa 的钢瓶，仅允许充装 R134a。常用钢瓶容积为 40L、100L、400L、926L、1000L。

8. 制冷系统的试运行

（1）承担制冷系统试运转工作的人员，必须持有国家职业资格制冷工中级以上证书，有上岗操作证书。同时熟悉使用含氢氯氟烃、氢氟烃及其混合制冷剂的制冷系统的操作与运转工作。

（2）制冷装置的试运转应在低压电工的配合下进行。

（3）制冷装置的试运转除应按设计文件和设备技术文件的有关规定进行外，尚应符合下列要求：

1）制冷系统中单体制冷设备（如开启式制冷压缩机、蒸发式冷凝器及空气冷却器用风机等）空载运行正常，贮液器、低压循环贮液器等容器内液位正常。

2）为制冷系统配套的冷却水系统试运转正常。

3）为制冷系统配套的电气控制系统调试正常。

4）制冷系统中，液位控制器、压力控制器、压差控制器等自控元件调试正常，工作状态稳定。

5）温、湿度仪表，压力仪表经标定后显示准确，误差范围应符合设计文件及设备技术文件的规定。

（4）制冷系统充注制冷剂后，应将制冷系统中制冷压缩机（机组）逐台进行带负荷运转，每台制冷压缩机（机组）累计运转时间不得少于 24h。

（5）制冷压缩机（机组）进行带负荷连续 6h 试运转，应做好如下几项运转参数的记录：

1）制冷压缩机（机组）吸、排气压力，吸、排气温度。

2）制冷压缩机（机组）油箱的油面高度。

3）制冷压缩机（机组）运转时的噪声和振动是否在正常范围之内。

4）冷却水系统进、出水的水温。

5）贮液器、低压循环贮液器等制冷设备的液位。

6）电动机的工作电流、电压和温升。

7）被降温的房间或设备的降温记录。

（6）制冷系统经带负荷试运转，其温度应能够在最小外加热负荷下，降低至设计或设备技术文件规定的温度。

（7）冷藏库的降温步骤，应按行业标准《氨制冷系统安装工程施工及验收规范》SBJ 12—2011 附录 A 的规定执行。

5.2.2　氟利昂冷库制冷系统运行和维护过程的良好操作

1. 氟利昂冷库制冷系统的操作规程

（1）启动前的准备

1）移除与设备无关的所有物件。

2）检查电源供电情况。

3）检查制冷设备中所有阀门启闭情况和所有设备的液位是否正常。

4）检查能量调节装置，使制冷压缩机处于空载启动状态。

5）检查冷却水系统或风冷系统运转是否正常。

6）检查油位是否正常。

7）检查所有压力控制器和温度控制器的设定是否正确。

（2）启动和运行

制冷设备应严格按照正确的启动程序进行启动。在运行过程中，需要对系统各部分和各参数进行定期巡视检查，并确定主要的运行调节方法，以保证设备的正常运行。

1）启动过程的关键操作：

①应先启动冷却水系统或风冷系统。

②应逐台启动制冷压缩机，并确保每台压缩机都能正常启动。如有异常，应立即停止压缩机运转，查找原因并修复故障后重新启动。

2）运行过程中的注意事项。制冷设备启动完毕投入正常运行后，应加强巡视检查，以便及时发现问题并及时处理，巡视检查内容主要包括：

①制冷压缩机运行过程中的油压、油温，轴承温度、油面高度；

②冷凝器的冷却水回水温度和蒸发器的冷媒水出水温度，以及冷却水和冷媒水的流量；

③各主要制冷设备的运行电流；

④制冷压缩机的吸排气压力；

⑤制冷机组的响声、振动等情况。

3）蒸发器融霜的注意事项：

①先停止需融霜的蒸发器供液，并将其残余制冷剂液体完全蒸发；

②融霜前，务必保证排液桶内压力为蒸发压力；

③以适宜的融霜手段，对蒸发器进行融霜操作；

④融霜过程结束后，必须等待至少 30min 后才能开启风机，防止结冰堵塞管路；

⑤根据冷藏库和冻结库蒸发器的结霜情况，及时进行融霜操作。

（3）停机

1）先关掉电磁阀，待压缩机的吸气压力达到设定值后再停止压缩机运转，以免低压系统压力过高，同时也要保证低压压力不能低于大气压力，以免空气渗入制冷系统。

2）停止蒸发器的风机；

3）务必最后停止冷却系统。

此外，值得注意的是，在停止压缩机运转后，务必保证蒸发器中残余制冷剂全部蒸发，冷凝器中残余制冷剂全部液化，来保证制冷设备的安全。

（4）填写启动、运行和停机的相关记录表。

2. 氟利昂冷库的维护保养

（1）严禁使用易燃易爆气体进行压力试验。

（2）严谨使用过检或超期限的钢瓶进行制冷剂的储存和运输。

（3）务必定期校验安全阀，严禁使用无铅封或未校验的安全阀。

（4）定期检查和鉴定制冷设备的相关仪表。

（5）在补焊前，务必保证制冷系统内的制冷剂全部排净。

（6）定期维护机组，检查有无漏油、漏气、异味等现象发生，如有异常，应及时报告，并做好相关检修记录。

（7）每年需组织专业人员定期检查机组的整体性能至少一次，并做好相关检修记录。

5.3 氟利昂在其他冷冻冷藏设备中的应用

5.3.1 冷藏运输用氟利昂制冷系统

1. 冷藏运输用氟利昂制冷系统的种类、组成及其特点

冷藏运输指将易腐食品在低温下从一个地方完好地输送到另一个地方的专门技术，是冷藏链中必不可少的一个环节，由冷藏运输工具来完成。

冷藏运输工具指本身能形成并维持一定的低温环境，并能运输低温食品的运输工具。运输方式包括陆路冷藏运输（冷藏汽车、冷藏火车）、水路冷藏运输（冷藏船用冷藏集装箱）和航空冷藏运输（冷藏飞机用冷藏集装箱），如表 5.3-1 所示。

虽然冷藏运输工具多种多样，但其储存空间和制冷系统基本一致。储存空间主要是由聚氨酯隔热板围成的厢体；制冷系统主要由小型制冷机组组成，其中蒸发器主要采用冷风机、排管等形式。

各种类型冷藏运输的优缺点及应用　　　　　　　　表 5.3-1

分类	冷藏运输工具	优点	缺点	应用
陆路冷藏运输	冷藏汽车	灵活机动；速度较快；可靠性高	运载量相对较小	适合中短途运输
	冷藏火车	长距离运价低；较大的运输能力；较高的连续性	灵活性较差	适合长途运输
水路冷藏运输	冷藏船用冷藏集装箱	成本低；运载量很大	灵活性差	适合长距离、低价值、高密度、货物运输
航空冷藏运输	冷藏飞机用冷藏集装箱	运输速度快	运载量相对较小；成本较高	适合高价值、易腐烂、时间短、小批量运输

2. 冷藏运输用氟利昂制冷系统的一般要求

虽然冷藏运输设备的种类和使用条件都不尽相同，但一般来说，它们均应满足以下条件：

（1）产生并维持一定的低温环境，以保证食品的存储温度；

（2）具有较好的隔热性能，尽量减少外界热量的传入；

（3）存储空间的温度等参数可调；

（4）制冷设备所占空间要尽可能地小；

（5）制冷设备重量轻，安装稳定，安全可靠，不易出故障；

（6）运输成本低。

3. 冷藏运输用氟利昂制冷系统的运行维护——以冷藏集装箱为例

（1）装箱注意事项

1）应对货物进行预冷处理，使货物温度达到运输要求。

2）当冷藏集装箱对货物进行预冷处理时，应关闭箱门。

（2）冷藏集装箱制冷系统操作规程

1）操作前的检查：

①查看机组操作维修记录表记录；

②检查机组外观和控制柜电气连接等是否正常；

③检查电源是否满足启动要求；

④检查制冷系统所有管道及连接件表面是否有漏油现象；

⑤检查冷凝器和蒸发器盘管表面是否清洁，冷凝器网罩是否完好；

⑥检查机组及其他振动设备固定是否牢固；

⑦检查融霜排水系统是否通畅。

2）制冷系统操作要点：

①设定箱内温度；

②设定融霜周期；

③打开机组启动开关。

（3）运行及维护操作注意事项

1）装卸货物时，务必关闭制冷机组。

2）使用前，务必检查厢体是否完好。

3）使用结束时，应清洗箱体内部，消除异味。

4）定期保养制冷机组。

5）冷藏运输设备制冷系统的维护操作可参照氟利昂冷库制冷系统维护操作。

5.3.2　商超冷藏陈列柜用氟利昂制冷系统

在超市或零售商店中，用于陈列、销售食品和其他商品的存放设备，均称为陈列柜。

1. 商超冷藏陈列柜用氟利昂制冷系统的种类、特点及使用场合

商超冷藏陈列柜的特点及使用场合如表 5.3-2 所示。

商超冷藏陈列柜的特点及使用场合   表 5.3-2

类别	类型	主要特征	使用场合
使用温度	冷藏型	内部空气温度在−6℃以上	陈列水果、蔬菜、肉制品、鲜鱼、精肉、饮料等
	冷冻型	内部空气温度在−6℃以下	陈列冰淇淋、冻鱼、冻肉、速冻水饺等冷冻食品
	双温型	兼有冷藏柜和冷冻柜的功能	陈列不同类别的食品
结构类型	开式	商品陈列柜无盖或门,能耗较高	适用于客流量较大、顾客频繁拿取商品的大型超市
	闭式	商品陈列柜有盖或门,能耗较低	适用于客流量较小的店铺,可陈列冰淇淋、奶油蛋糕等
制冷机组布置方式	分体式	制冷机组与陈列柜分开布置,陈列和制冷机组需要现场安装,噪声较小,但结构较复杂,布置不灵活	适用于大中型超市
	内藏式	制冷机组与陈列柜一体,一般置于柜体底部,陈列柜无需现场安装,结构紧凑、布置灵活,但噪声较大	适用于中小型便利店
	集中式	制冷系统可向多组陈列柜集中供冷	适用于大型超市

虽然冷藏陈列柜种类繁多,但其主要由柜体、制冷系统和控制系统等部分组成。制冷系统主要由制冷机组组成。这其中蒸发器主要采用直接冷却和间接冷却两种方式。

2. 商超冷藏陈列柜用氟利昂制冷系统的一般要求

(1) 装配制冷装置,有隔热层,能保证冷冻食品;

(2) 能很好地展示食品的外观,便于顾客选购;

(3) 具有一定的贮藏容积;

(4) 日常运转与维修方便;

(5) 安全、卫生、低噪声。

3. 商超冷藏陈列柜用氟利昂制冷系统的运行维护❶

(1) 启动

1) 运行:确保陈列柜按照要求进行安装,状态达到良好,接通电源;电源接通后,制冷和照明启动。

2) 设定温度:通过显示控制面板进行运行参数设置,并实时监视各运行参数。

(2) 维修保养

清洁保养时,务必关闭陈列柜并断开电源,以防触电。

1) 清洗外表面:用柔软的棉布蘸清水擦拭外表面。若污物过多,用浸有中性洗涤剂的布擦拭后,再用湿布擦拭干净。勿使用去污粉、石油、苯、盐酸、烫水、粗刷等物品清洁陈列柜,否则会损坏和腐蚀陈列柜。

2) 清洗玻璃表面:陈列柜侧板玻璃表面用含酒精的品牌清洁剂擦拭,再用湿布擦拭干净后,用干净柔布擦干。

3) 清洗内表面:先将陈列柜内商品移走,存放于他处。待内表面温度上升至与室温相近后再开始清洗。在清洗和维护过程中带好安全手套,防止受伤。清洗后,展示区不应残留水渍。把回风格栅装回原处并重新启动陈列柜。陈列柜运行1～2h后,再重新装载

---

❶ 节选于格力商用展示用户柜说明书。

商品。

4）清洗接水盘：定期清洗陈列柜接水盘堵塞物，建议每月清洗一次。

5）清洁内外层蜂窝：内外层蜂窝，建议每月清洁一次。清洁时，将蜂窝拆下进行清扫。污物少时，轻轻敲打，抖落灰尘。

6）清洁注意事项：保养结束时，为了安全检查以下事项：电源线有无异常发热；电线有无裂痕及划伤。

发生如下情况时请注意：

①产生腐蚀性气体的食品，切勿无包装放入陈列柜。否则有可能因腐蚀造成制冷剂泄漏。

②以下食品会产生强腐蚀性气体，必须放入密闭容器或用食品级包装薄膜包装后方可放入陈列柜：寿司饭、家常菜、面包等含醋酸、酵母菌的食品；纳豆、豆腐、豆腐渣、豆馅等豆类及其加工品；煮蛋、炒蛋等蛋类加工品；鲜鱼、火腿、薰制品、熬制品。

5.3.3　制冰机用氟利昂制冷系统

1. 制冰机用氟利昂制冷系统的种类

制冰机广泛应用于食用冰工厂，港口、码头制冰工厂，咖啡店、酒吧、宾馆、超市、便利店、酒楼等商业领域，以及水产品及食品保鲜、运输保鲜等。

目前，常用的制冰机主要以整体式为主，集制冷系统、水循环系统等于一体。根据冰块的形状不同，可分为镜片形块冰、月牙形块冰、蜂窝形块冰等。

2. 制冰机用氟利昂制冷系统的工作原理

制冰系统主要由水路循环、制冷剂循环两个彼此独立又互相关联的系统组成。制冰机示意图如图 5.3-1 所示。

水路循环：开始制冰时，冷水箱内的水通过循环水泵输送到制冰器顶部的分水盘，由分水盘分配到各个制冰管内，沿制冰管内壁顺流而下，制冰管内表面的水通过管壁与管外制冷剂进行换热降温，冻结成冰，形成冰层，未冻结的水回流至冷水箱通过水泵再次循环制冰，如此不断循环。冰由管内壁不断向中心冻结，最终形成带有中心孔的圆柱状管冰。脱冰时，管冰与制冰管壁融化脱离，冰在重力作用下掉落。被切冰机切断成一定长度的管冰。

制冷剂循环可分制冰工作及脱冰工作两部分，二者交替进行。

制冰工作：开始制冰时，低温低压制冷剂气体被压缩机吸走，经过压缩机压缩后形成高温高压制冷剂气体，排入冷凝器中，经过冷凝器换热后高温高压制冷剂气体冷凝成常温高压的制冷剂液体，通过膨胀阀节流膨胀后进入制冰器，进入制冰器内的液体制冷剂与制冰管管内的水进行热交换，变成低温低压气体，低温低压气体又被压缩机吸走继续制冷循环，直至脱冰开始，单次制冰结束。

脱冰工作：脱冰工作开始时，制冰水路系统和制冰工作都已停止。贮液器中的中温高压制冷剂气体通过热氟管进入制冰器内，升高制冰器内的压力和温度，通过制冰管壁与制冰管内的冰进行热交换，使制冰管内的管冰表面融化成水，管冰依靠自重与制冰管分离下落，再通过底部切冰机构切断管冰，在出冰转盘的旋转作用下，将切断了的管冰从出冰口导出；同时由压缩机和压力恒定装置恒定制冰器内脱冰压力，保证脱冰顺利进行，直至脱冰结束。

排水电磁阀：多次制冰循环后，水箱内会沉积杂质。可在脱冰工作时接通排水电磁阀，适当排除水箱底部部分污水，保持水质清洁。可通过调节排水电磁阀前的 PVC 球阀控制排污水的大小。

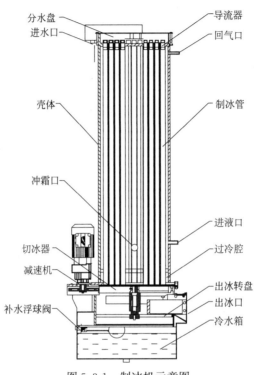

图 5.3-1　制冰机示意图

图片来源：雪人管冰制冰机操作维护手册。

3. 制冰机用氟利昂制冷系统的运行维护[1]

（1）运行操作

1）启动前准备工作

①检查设备是否安装完毕，固定螺栓是否锁紧。

②检查水电连接是否完毕，供水、供电是否符合设备要求。

③检查制冷管路阀门是否开启，系统内是否有充足的制冷剂。

④检查压缩机油位是否正常。

⑤给设备供电前，合上电控箱内断路器，关闭电控箱，将选择开关转至"停止"位置。

⑥确认紧急停止按钮复位。

⑦打开进水阀，加满水箱。

⑧相序保护器用于检测设备的供电电源是否符合设备要求。如出现异常时，应根据指示灯的显示检查供电电源，不得随意更改相序保护器的接线。

---

[1]　根据雪人管冰制冰机操作维护手册整理。

2）启动

①设备首次开机或长时间停机后开机时，将"水泵/停止/远程操作/启动"选择开关转至"水泵"位置，将水泵运行至少 5min。以保证水泵运行正常，水路畅通，同时清洗水路，排除管道空气。

②当水路运行畅通时，将"水泵/停止/远程操作/启动"选择开关转至"启动"位置。设备将首先运行脱冰动作。

③脱冰动作结束后设备开始制冰。单次制冰周期约 20min（不同规格管冰略有差异）。

④认真查看设备至少 4 个制冰周期以确保设备运行正常（60～80min）。

3）停止

①将"水泵/停止/远程操作/启动"选择开关转至"停止"位置。

②如果设备正处于制冰动作，设备转入脱冰工作后停止运行。完整的脱冰周期保证制冰器冻结的所有管冰完全脱离。避免下次启动设备时制冰器制冰异常。

③如果设备正处于脱冰动作，将在完成脱冰后停止运行。

管冰机故障停机后的开机操作：当设备出现故障停机后，特别是脱冰时的故障急停（如切冰机故障、压缩机故障、系统断电、按下急停按钮等）。制冰器内常残留大量制冷剂，设备再次启动时易导致压缩机液击，造成压缩机损坏。因此当设备故障停机后，设备再次启动时要指定一名具有丰富制冷系统操作经验的人员将压缩机吸气阀门适当关小，密切关注回气管路及压缩机缸头的结霜情况，留意压缩机的运行噪声，确保不让系统回液，损坏压缩机。确定制冰器内制冷剂液体正常后，方可将压缩机的吸气阀门完全开启。进入正常运行状态。

4）运转操作注意事项

系统长期停止运行时需排空系统内的水，防止腐蚀。

长时间停止运行后，初次运行前须对系统上电 8h，油加热器必须将润滑油加热到45～50℃（加热至视油镜中能观察到油面），使润滑油中的制冷剂充分气化，以防止压缩机磨损或液击。降低压缩机的使用寿命。

（2）维护保养

机器设备良好的维护保养对设备的使用性能和寿命起关键作用。制冰机设备应该有专门的人员维护管理，应重视维护人员变动后新人员的培训工作，保证管冰机的操作维护保养的良好进行。

1）水箱清洗

水箱和水泵均应保持清洁无任何异物堆积，确实出现沉淀物时（异物或黏土堆积较多），应彻底清洗水箱。倘若停机超过一天以上，在重新开机前也应该清洗一次水箱，以确保制冰品质。

具体清洁步骤如下：

①停机，关闭主电源。

②将水箱内的水通过排水手阀全部释出，并利用清洁剂和长柄毛刷将水箱内污垢清洗干净，并用清水冲洗多次直至无污垢。

③注入新水至浮球阀停止供水时的液位便可开机使用。

2）蒸发管清洗

在长时间使用的情况下，蒸发管内管壁会有积存少量污垢，需要定时清洗。清洗的频率取决于水质，在水质极硬的地区（当地水中石灰质含量过高），有必要每隔3～6个月便应清洗一次，而在水质正常或"软"的地区，一年两次就够了。

具体清洁步骤如下：

①将水箱内的水先行释出。加入清水至水箱的九分满，关闭水供应阀。加入适量的高纯度柠檬酸，使之与水混合。

②不要开启制冷压缩机，关闭液体线路截止阀；开机使水泵（在没有制冷的情况下）运转循环2～3h（可将选择开关 SA1 至于手动位置，SA2 至于中间位置，按 SB2 运行抽水泵）。

③将污水释出后，再注入新水循环约30min，将残留的清洁剂洗净后，将第二次水释出。循环清洗两次以上，确保清洁剂已被冲净。

④打开水供应阀，恢复制冷系统，以使机器回到正常操作状态。注入新水至浮球阀停止供水时的液位便可开机使用。

3）水冷冷凝器清洗

冷凝器在运行过程中，冷却水会在管道内部产生水垢，影响换热效果，应经常清洁，提高制冷效率。清洁的频率取决于水质，在水质极硬的地区，有必要每3个月清洁1次，而在水质正常或"软"的地区，一年只需要清洗2次。冷却系统包含冷却水塔与水冷冷凝器，为了使机器运转顺畅及保障机器的使用寿命。冷却水塔也应适时清洗，以确保制冰的效率。

具体清洁步骤如下：

①停机，将冷却水塔以毛刷先行清理干净。

②如果冷却塔高于冷凝器，应先将冷却塔水排空或者关闭冷凝器与冷却塔进出水阀门。

③打开冷凝器端盖下面的排水闸阀，将冷凝器中的水排干。

④拆下冷凝器两端的端盖。用专用的冷凝器刷来回清洁每根铜管，之后用水冲洗多次直至干净。

⑤清洁完成后，重新装上端盖并连接管道。

4）风冷冷凝器清洁

冷凝器应定期清洁，否则会导致制冰量减少并产生高压故障。用软刷或连有毛刷的吸尘器由上往下清洁冷凝器的散热翅片，不可左右刷，不可用力过猛，不可使用硬物清理，以免折弯或损坏翅片，从而影响冷凝器的正常工作。

用灯光照射冷凝器，仔细查看翅片间是否存在污垢异物。如有，则可从风机安装侧用压缩空气进行吹除。

5）压缩机维护

①压缩机每小时开停次数不超过8次，最小运行时间不少于5min。

②检查保护装置及压缩机的所有控制部分。

③检查电线等是否牢固连接。

④开机后应马上检查压缩机润滑情况。初运行100h后换一次油，包括清理油过滤网

及磁堵。此后约每三年或每运行 10000~12000h 后必须换一次油。

　　⑤保持压缩机表面干净。

　　6）更换冷冻油

　　压缩机内的冷冻油直接影响到压缩机工作的顺畅与否，冷冻油不足或冷冻油杂质太多，皆会影响到润滑的效率，对压缩机的使用寿命有直接的关系。冷冻油更换周期参考压缩机维护相关内容。

　　具体更换步骤如下：

　　①停机，关闭主电源。

　　②将压缩机高压阀、低压阀及回油管阀全部关闭。

　　③确定高压阀、低压阀及回油管阀全部关闭后，再将压缩机内冷媒抽空。

　　④冷媒抽完以后，再将压缩机内冷冻油由油阀全部排出。

　　⑤将压缩机抽真空，于油阀处让冷冻油自然吸入，至油视镜 1/3~1/2 处。

　　⑥油加完后，将油阀关好，压缩机开始抽真空约 15min。

　　⑦抽真空完毕后，先将高压阀打开，再将低压阀打开，后打开油管阀。

　　⑧送上电源，让油加温 6h 后，即可开机运行。

5.4　特殊氟利昂制冷剂在冷冻冷藏设备中的使用注意事项

5.4.1　R22 在冷冻冷藏设备的使用注意事项

1. 物理特性

　　R22 属于单组分制冷剂 ，沸点－40.8℃，临界温度 96.24℃，临界压力 4.98kPa，ODP 为 0.034，GWP 为 1700，外观与性状为：无色、无味、不燃的气体。化学稳定性和热稳定性很高。

2. 注意事项

　　（1）在向系统内充注制冷剂前确保系统已经完成气密性试验和真空试验，且均符合规定要求后，进行制冷剂充注。该制冷剂在大气压下为气态，添加制冷剂时需要将加液管中气体空气排放干净，避免室外空气进入系统。

　　（2）由于制冷剂是单组分的，可进行液态或气态充注。

　　（3）当与低温冷库－18℃配套时，采用压力控制时，吸气压力设定值为 0.102MPa（对应的蒸发温度为－25℃）。

　　（4）当与速冻设备－35℃配套时，采用压力控制时，吸气压力设定值为－0.004MPa（对应的蒸发温度为－42℃）。

　　（5）制冷系统上其他控制参数对应压力参数设定一定要严格按 R22 制冷剂压力—温度对应数值进行设置。

　　（6）运行过程中需要注意吸气压力与排气压力不能超出压缩机的运行范围，由于 R22 的绝热指数为 1.184，当压缩比过大时容易导致排气温度过高，冷冻油容易碳化变质，导致压缩机损坏。

　　（7）润滑油方面，需要选用压缩机厂家推荐使用的润滑油牌号。

（8）由于 R22 具有高 ODP 和高 GWP，因此 R22 制冷剂只能作为维修项目的增补等使用。

（9）在拆除老项目中，对原系统 R22 制冷剂的排放需要按国家标准的要求进行回收处理，切不可私自排放至大气中。

5.4.2　R134a 在冷冻冷藏设备的使用注意事项

1. 物理特性

（1）渗透性强。由于 R134a 比 R12 的分子更小，其渗透性更强。

（2）水的溶解性高达（0.15/100g）：R134a 从空气中吸水性很强，比 R12 高近 6 倍。

（3）腐蚀性强：R134a 对一般橡胶制品如密封垫，连接用胶管的材料有腐蚀作用。

（4）润滑特点：R134a 与矿物油不相溶，所以系统中不允许含有矿物油。

2. 使用注意事项

（1）使用专用真空泵，一般是利用压缩机上的工艺管进行抽真空。高压侧的空气需要通过毛细管、蒸发器、吸气管、压缩机壳再进入真空泵，由于毛细管的流动阻力大，当低压侧的压力达到 10Pa 时高压侧的压力仍会高于 133Pa，制冷系统的抽真空，可选择每秒钟 2～4L 的真空泵。

（2）干燥过滤器必须根据制冷剂来匹配，R134a 干燥过滤器直径比 R12 系统的加大 10%，分子筛为 XH7 型。

（3）检漏仪要用高精度的 0.5g/a。可以用氦检漏仪，由于 R134a 中不含氯，所以卤素检漏仪不再适用。

（4）制冷系统维修操作时，必须佩戴干净手套，操作环境相对湿度在 60% 以下，系统连通环境后立即用 0.1MPa 的氮气吹扫 10s，排除系统空气，并在完成维修操作后用氮气保压。

5.4.3　R404A 在冷冻冷藏设备的使用注意事项

1. 物理特性

R404A 由 R125/R143a/R134a 按组分质量百分比 44%/52%/4% 的配比方式组成的非共沸制冷剂，沸点为 $-46.5℃$，临界温度为 $70.74℃$，临界压力为 3715kPa，ODP 为 0，GWP 为 3260，外观与性状：无色、无味、不燃气体。

R404A 具有弱刺激和麻醉作用，吸入高浓度 R404A，可引起心律不齐、昏迷甚至死亡，接触 R404A 液体可冻伤；R404A 为单纯窒息性气体，高浓度时会降低空气中氧含量，从而会发生窒息死亡。

2. 注意事项

（1）在使用过程中需要着重注意制冷剂液位及压力的变化，制冷剂的泄漏容易导致制冷剂组分比例的变化，导致系统制冷能力变差，表现为温度达不到要求，尤其在低温速冻系统中比较明显。当温度要求偏离较大时只能对制冷剂进行更换。

（2）严禁密闭操作，全面通风。操作人员必须经过专门培训，严格遵守操作规程，建议操作人员穿防静电工作服。远离火种、热源，工作场所严禁吸烟。防止气体泄漏到工作场所空气中，避免与氧化剂接触。搬运时轻装轻卸，防止钢瓶及附件破损。

（3）应该选用聚酯类润滑油，聚酯油具有强烈的吸湿性，水分在油中与油产生化学反应，导致润滑油失效，另外还表现为在压缩机的吸气过滤器处呈糊状物，导致压缩机吸气压力低，不能正常制冷。处理方法：清洗过滤器，彻底更换冷冻油，同时更换干燥滤芯。

（4）由于 R404A 具有高 GWP，拆除或改造项目中不可擅自排放至大气中，需要严格按国家相关标准进行回收处理。

5.4.4　R507A 在冷冻冷藏设备的使用注意事项

R507A 是 R502 制冷剂的长期替代品（HFC 类物质），其 ODP 值为零，不含任何破坏臭氧层的物质。由于 R507A 制冷剂的制冷量及效率与 R502 非常接近，并且具有优异的传热性能和低毒性，因此 R507A 比其他任何所知的 R502 的替代物更适合中低温冷冻领域套用。

R507A 和 R404A 一样是用于替代 R502 的环保制冷剂，但是 R507A 通常能比 R404A 达到更低的温度。R507A 适用于中低温的新型商用制冷设备（超市冷冻冷藏柜、冷库、陈列展示柜、运输）、制冰设备、交通运输制冷设备、船用制冷设备或更新设备，适用于所有 R502 可正常运行的环境。

1. R507A 存储

（1）R507A 制冷剂钢瓶为带压容器，储存时应远离火种、热源、避免阳光直接暴晒，通常储放于阴凉、干燥和通风的仓库内。

（2）R507A 与氧化剂、易燃物或可燃物、铝分开存放，切记混储。

（3）储藏区应配置泄露应急处理设备。

（4）验收时注意品名、验收日期，先进仓库的优先使用。

2. R507A 运输

（1）采用钢瓶运输时必须带好钢瓶上的安全帽。钢瓶水平放置，并将瓶口朝同一方向，勿交叉存放。

（2）搬运时应轻装、轻卸，防止钢瓶以及阀门等附件破损。

（3）夏季应早晚运输，防止阳光暴晒，远离热源。

（4）铁路公路运输时禁止溜放。

（5）严禁与氧化剂、易燃物或可燃物、活泼金属等混放。

3. R507A 使用

冷冻油使用多元醇酯 POE 冷冻机油。更新时，酯类油中应含小于 5% 的矿物油。

4. R507A 安全处置

为了防止制冷剂蒸汽和液体与眼睛、皮肤等身体暴露部分接触，操作过程需要穿戴好个人防护用品。此外，切记不要刺穿或摔落钢瓶。

5.5　典型案例: 美珍香机组及冷库调试

1. 工程概况

（1）原料库和成品库

库内温度：-20±2℃；

原料库体，外形尺寸（$L \times W \times H$）：40.7m×13.2m×9.15m，共 1 间；

成品库体，外形尺寸（$L×W×H$）：34.4m×10.925m×9.15m，共 1 间。

（2）库体技术参数（见表 5.5-1）

库体技术参数   表 5.5-1

库体	要求
两间大冷库 （原料库和成品库）	双面 0.5mm 厚彩钢板制作，双面白灰镀锌 110g/m² /PVDF 宝钢彩钢板
	厚度 150mm，聚氨酯密度为 42±1kg/m³
	板材 B1 级
	风机布于端头对吹
	底板保温厚度 200mm，分 4 层错排挤塑板，抗压强度≥350kPa
	冷库电动双开平移门 2.4m×3m，门板采用 1.0mm 厚不锈钢板，门框为 1.5mm 厚不锈钢板，厚度为 150mm，聚氨酯密度为 42±1kg/m³，共 4 只

2. 制冷系统简介

（1）蒸发温度：-30℃。

（2）冷凝温度：+35℃。

（3）制冷剂：R404A。

（4）冷冻油：专用润滑油 EST170。

（5）供液方式：膨胀阀供液。

（6）融霜方式：热气融霜。

3. 冷库平面示意图（见图 5.5-1）

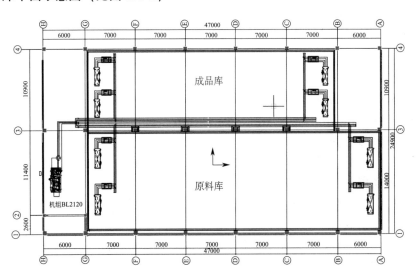

图 5.5-1 冷库平面示意图

4. 负荷汇总（见表 5.5-2）

负荷汇总   表 5.5-2

序号	冷间名称	系统（℃）	室温（℃）	数量	设备负荷(kW)	机械负荷(kW)	备注
1	原料库	-30	-20±2	1	70	61	106kW 共用一 套比泽尔螺杆 机组
2	成品库	-30	-20±2	1	50	45	

5. 冷库制冷系统配制情况及机组外形

冷库配置情况如表 5.5-3 所示，机组外形结构如图 5.5-2 所示。

冷库配置情况　　　　　　　　　　　　　　　　表 5.5-3

序号	名称	型号	数量	备注
1	制冷机组	BL2120	1 套	HSN7471-75 两台并联
2	冷凝器	SWL550	1 台	排热量 550kW
3	吊顶式冷风机	SDJ140	4 台	原料库
4	膨胀阀(原料)	TES12	4 只	阀芯 067B2708
5	吊顶式冷风机	SDJ100	4 台	成品库
6	膨胀阀(成品)	TES5	4 只	阀芯 067B2792

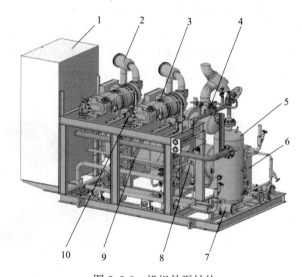

图 5.5-2　机组外形结构

1—电控柜；2—吸入过滤器；3—压缩机；4—PM 主阀；5—油分离器；
6—油冷却器；7—油过滤器；8—贮液桶；9—中间冷却器；10—压力控制器

6. 机组控制

(1) 采用 PLC 自动控制。

(2) 界面形式：中英文可相互切换。

(3) 运行模式：手动与自动之间可相互切换。

(4) 手动模式：每个独立部件可单独运行。

(5) 有可查的温度曲线：每 5min 记录一次，可存一年的历史记录。

(6) 控制中心为操作者提供了安全访问密码，以防止在未经许可的情况下改变设定值。访问级别为三级，每级均有自己的密码。

(7) 制冷压缩机组为自动型，蒸发式冷凝器根据系统冷凝压力自动运行。

(8) 冷库螺杆并联压缩机组控制柜，监测及显示机组的吸气压力、排气压力、吸气温度、排气温度、回液温度，并具有低液位报警、油位报警、高低压报警及保护、漏电报警及保护、缺相报警及保护。控制器根据采集的吸气压力、排气压力及设定值，科学合理控制机头开启数量及冷凝器启停，以达到最好的运行状态。

7. 调试前机组检查及参数设置

（1）阀门检查

1）热力膨胀阀检查确认：膨胀阀的感温包应固定在水平回气管上，尽可能靠近冷风机。采用不锈钢或铜质管箍抱紧，使感温包应和回气管壁贴合紧密，箍紧后用橡塑隔热材料包裹，隔热材料厚度与保温层相同。

2）检查管路阀门尤其是单向阀的方向是否与设计文件一致。

3）其他阀门检查：检查压缩机、冷凝器等各种截止阀，应处于全开状态（排污、加液、加油及放油阀门应关闭）。安全阀手柄处于打开位置并锁住。

（2）油位确认

油分离器内的油位应在处于下视镜的 1/3 与上视镜 1/2 之间（见图 5.5-3）。若油量过多或偏少，则需相应进行放油或加油操作。

（3）控制器设置

该机组每台压缩机有一个高压控制器 KP5（见图 5.5-4），其设定值为 2.0MPa；整个系统有一个高压控制器 KP1，KP1 设定值 0.1MPa（注意不得小于压缩机极限运行值）。

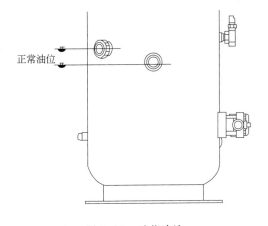

正常油位

图 5.5-3　油位确认　　　　　　　　图 5.5-4　高压控制器

（4）充注制冷剂

充注制冷剂前，确认系统真空度，真空度应为 0.096～－0.098MPa，若发现有真空泄漏的情况，应重新进行"抽真空试验"的操作。

1）充注制冷剂前应确认在干燥过滤器内已安装干燥滤芯（见图 5.5-5），并且吸入过滤器（见图 5.5-2 中 2）、油过滤器（见图 5.5-2 中 7）、油冷却器（见图 5.5-6）内均已安装好滤芯。

2）充注时，应将加液管中的空气排净，以液态形式直接加入储液桶，并观察其表压。

3）当表压升至 0.2～0.3MPa 时，应全面检查制冷设备，无异常情况后，再继续充注制冷剂。该项目经计算需要添加 700kg 制冷剂，首次充注量约为 500kg，待制冷系统运行一段时间，视制冷运行情况，再向系统内补充制冷剂 150kg，系统运行平稳，压力正常。

机组上电子控制元件见图 5.5-7。

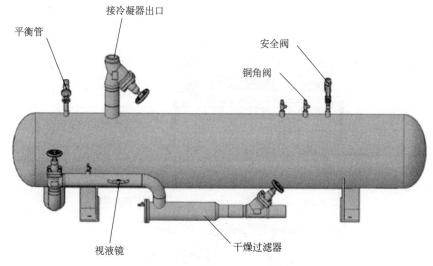

图 5.5-5　储液器及干燥过滤器

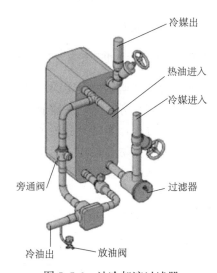

图 5.5-6　油冷却液过滤器

8. 冷库控制说明及操作

（1）机组控制

机组控制由冷库发出开关机信号，采用库温控制，库温高于设定值时，依次打开冷风机，开启供液电磁阀，发出压缩机开机信号，进入制冷状态；库温低于设定值时，关闭供液电磁阀，进入抽空状态，延时关闭冷风机、机组。按照此循环控制，维持库温。

（2）融霜控制

融霜控制根据冷风机运行累计时间自动运行，当冷风机运行时间到达设定值，进入融霜状态；融霜时，压缩机始终保持开启状态，提供热气，冷风机根据设计要求单台融霜，供液电磁阀自动关闭，进入融霜前抽空状态；抽空时间根据设定值控制，后关闭冷风机，打开气动导阀，打开热气阀，打开水盘加热，开始融霜；根据设定的融霜时间控制，到达

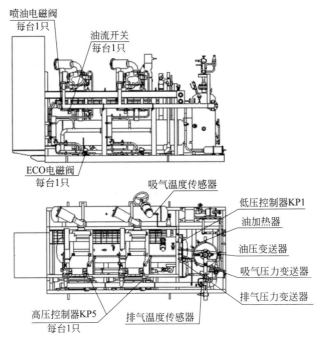

图 5.5-7　机组上的电子控制元件分布图

融霜时间后，检测融霜温度、排水管温度均达到设定的温度时，进入滴水状态，保证融霜后的水全部排出；滴水计时完成后，打开旁通阀，平衡前后压力，打开供液电磁阀，开始供液；延时后，打开冷风机进入制冷过程，累计运行时间清零。此过程为一个融霜循环，其他冷风机同样根据运行时间，依次进入融霜过程。需要注意的是，在融霜过程中，即便库温到达设定值，也需要待融霜过程结束才能停止所有冷风机。

（3）融霜控制阀组

检查阀组上电磁阀是否按要求能正常动作（见图 5.5-8）。

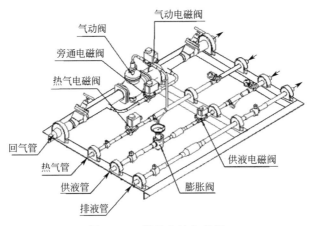

图 5.5-8　阀组上的电磁阀

（4）机组及冷库运行操作

1）机组自动运行页面

　　机组触摸屏显示了机组所有部件的运行状态、压力、温度、运行时间，自动状态下，机组页面无需操作，冷库自动发出开关机信号（见图5.5-9）。页面上显示的时间为单次运行时间，累计运行时间在登录页的总运行时间中，压缩机启动顺序按照总运行时间短的先启动，总运行时间长的后启动；停机按照总运行时间长的先停机，总运行时间短的最后停机，最终保证每台压缩机运行时间均衡。

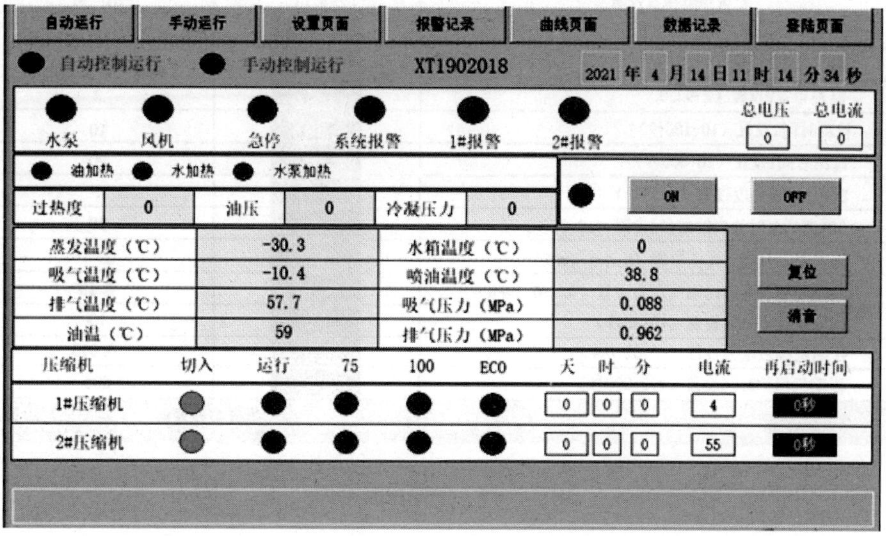

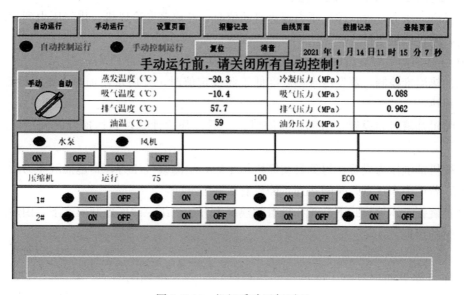

图 5.5-9　机组自动运行页面

　　2）机组手动运行页面

　　手动页面可自行对想要调试的部件进行开关动作。程序要求，压缩机开启前，需提前打开水泵，能量阀的显示，表示实际电磁阀的动作（见图5.5-10）。

图 5.5-10　机组手动运行页面

3）机组参数设置页面

机组参数设置页显示了对压缩机控制的设置（见图 5.5-11）。

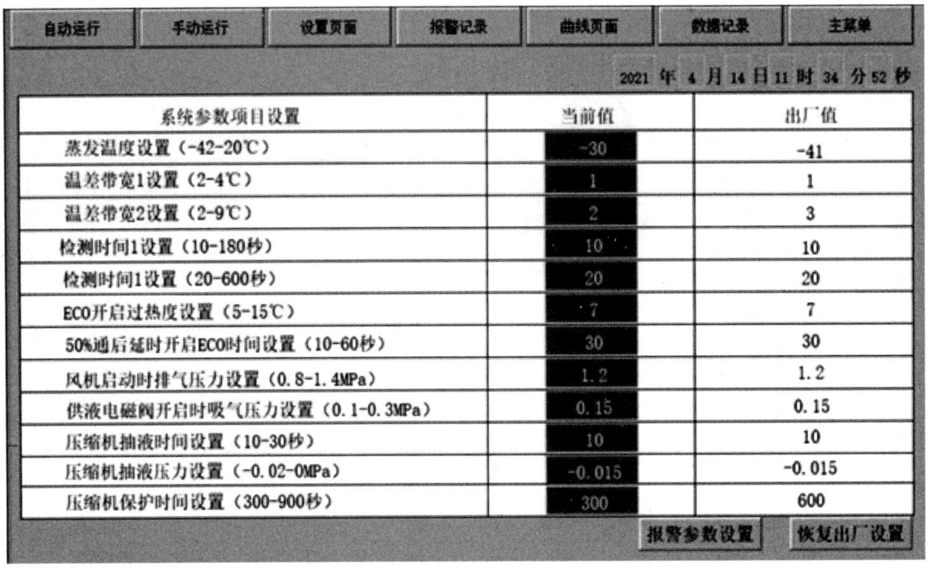

系统参数项目设置	当前值	出厂值
蒸发温度设置（-42-20℃）	-30	-41
温差带宽1设置（2-4℃）	1	1
温差带宽2设置（2-9℃）	2	3
检测时间1设置（10-180秒）	10	10
检测时间1设置（20-600秒）	20	20
ECO开启过热度设置（5-15℃）	7	7
50%通后延时开启ECO时间设置（10-60秒）	30	30
风机启动时排气压力设置（0.8-1.4MPa）	1.2	1.2
供液电磁阀开启时吸气压力设置（0.1-0.3MPa）	0.15	0.15
压缩机抽液时间设置（10-30秒）	10	10
压缩机抽液压力设置（-0.02-0MPa）	-0.015	-0.015
压缩机保护时间设置（300-900秒）	300	600

图 5.5-11　参数设置页面

控制温度：根据蒸发温度控制上下载；

温度带宽 1：控制温度+/—值，控制上下载；

温度带宽 2：控制温度+/—值，控制上下载；

检测时间 1：控制上下载的速度 1；

检测时间 2：控制上下载的速度 2；

风机启动压力设置：排气压力到达启动值时，开启蒸发冷风机，排气压力到达停止设置值时，停止风机运行；

ECO 开启蒸发温度设置：蒸发温度低于此设定值时，开启 ECO；

水加热温度控制：蒸发冷水箱温度低于此设定值时，开启水箱加热，高于设定值时，停止水加热；

压缩机抽液时间设置：得到自动停机指令后，开始计时，到达抽液时间后，停止压缩机；

压缩机抽液压力设置：得到自动停机指令后，检测吸气压力，到达抽液压力后，停止压缩机，若压力未达到，时间达到，停机有效。

切换旋钮：本地模式下，需在机组触摸屏上开关机组；冷库控制模式下，由冷库自动控制机组的启停。

4）冷库自动控制页面

冷库自动页面中显示了冷风机的运行状态、各个电磁阀的运行状态、各冷风机温度、库内温度以及压缩机的运行、报警显示（见图 5.5-12）。仅第一次开机时需手动启动，待指示灯亮时，进入全自动控制，根据设定的库温，自动开冷风机、自动融霜等操作。

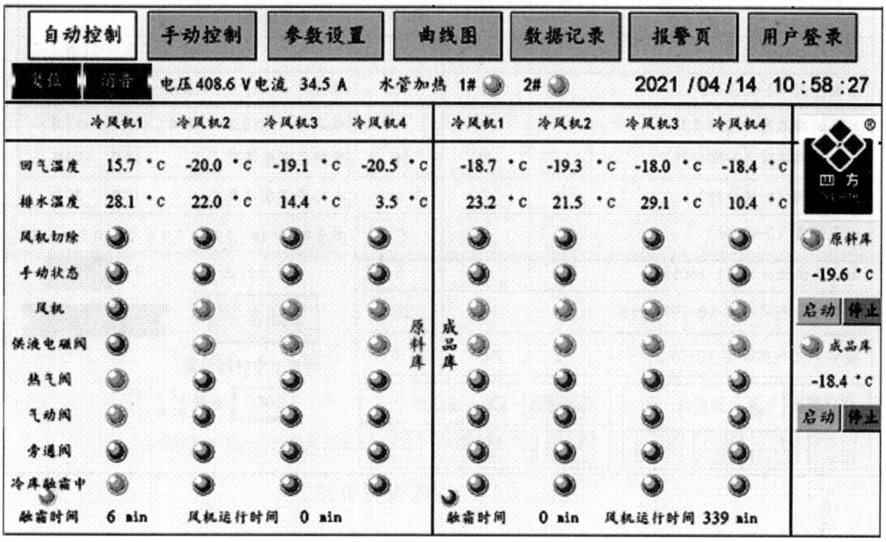

图 5.5-12　冷库自动控制页面

5）冷库手动操作页面

冷库手动控制页面同机组手动控制页面，可自行对所有的冷风机、电磁阀手动开关，方便调试时检查，切除按钮用于检修冷风机，或冷风机故障时使用。手动指示灯亮起时，方能操控手动按钮（见图 5.5-13）。

图 5.5-13　冷库手动控制页面

6）冷库参数设置页面

冷库参数设置页面显示库内温度的所有数据，通过选择对应的编号，作为控制冷库的温度，根据启动温度、停止温度自动控制冷库的开关（见图 5.5-14）。

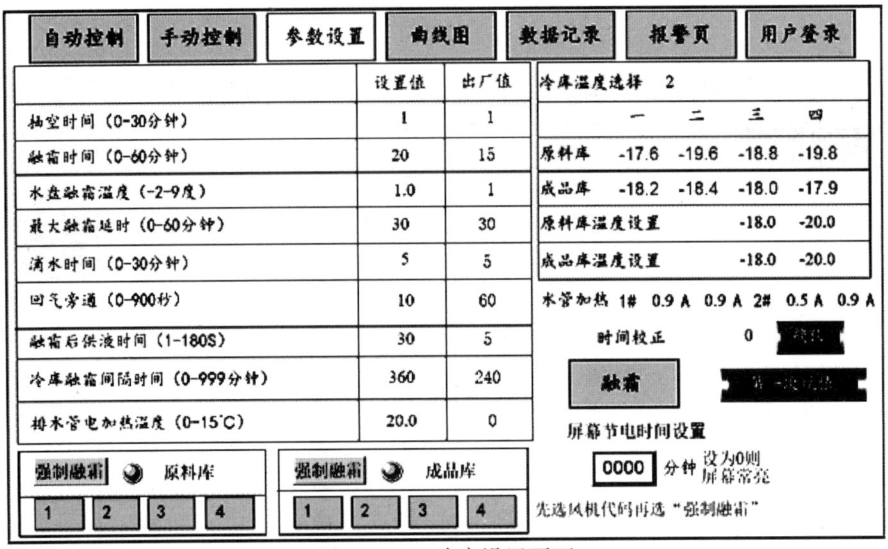

图 5.5-14 冷库设置页面

抽空时间：冷库温度到达设定值后或进入融霜动作前，关闭供液电磁阀后，延时保持冷风机运行的时间；

融霜时间：进入融霜状态后，融霜按照此时间计时；

融霜完成温度设置：融霜时间计时结束后，若冷风机水管温度、供液温度高于此设置值，进入滴水状态；

最大融霜延时：融霜时间计时结束后，若冷风机水管温度、供液温度未达到设置值，继续加时，达到后直接进入滴水状态，加时内仍未达到，发出报警，同时进入滴水状态；

滴水时间：融霜温度到达后，进入滴水状态并计时；

回气旁通：滴水结束后，打开旁通阀，平衡前后压力；

融霜后供液时间：回气旁通后，表示融霜过程结束，首先打开供液阀，延时打开冷风机；

冷库融霜间隔时间：用于规定融霜顺序的冷风机运行时间设置；

冷库温度过高报警：根据设定的开启关闭库温，偏离过大时，高于此温度报警，提示客户检查库温；

强制融霜按钮：根据需求，可对指定的冷风机强制融霜，进入融霜过程，无需等待风机到达设定的运行时间。

冷库参数推荐值见表 5.5-4。

冷库参数推荐值   表 5.5-4

项目	推荐值		设定依据	设定目标
抽空时间	2	min	冷风机越大,设定值越大	使冷风机内压力达到吸气压力
融霜时间	25	min	累计运行时间越长,湿度越大,设定值越大	达到冷风机翅片水盘完全除霜
水盘融霜温度	8	℃	根据融霜效果而定	达到冷风机翅片水盘无霜残留
最大融霜时间	45	min	根据所有冷风机结霜差异程度而定	使个别结霜严重的冷风机完全除霜
滴水时间	3	min	冷风机越大,设定值越大	使融霜后水滴排尽

项目	推荐值		设定依据	设定目标
回气旁通	2	min	冷风机越大,设定值越大	使冷风机内压力泄压至 0.35MPa 以下
融霜后供液时间	30	s	冷风机越大,设定值越大	使冷风机内温度降至库温
冷库融霜时间间隔	240	min	湿度越大,设定值越小	使冷风机及时除霜,不结霜过多

（5）融霜控制伺服主阀调节（见图 5.5-15）

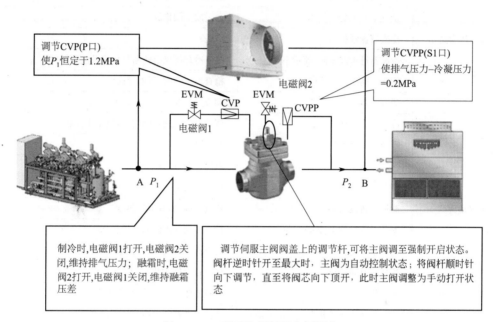

图 5.5-15　融霜控制伺服主阀调节

1）用 CVP（恒压导阀）调节的，主阀前压力恒定功能。该功能为正常制冷时启用，用于环境温度较低的情况下排气压力的维持。

2）用 CVPP（压差导阀）调节的，形成主阀前后的压差的功能。该功能为融霜时启用，用于维持融霜热气进出口的压差，以形成融霜循环。

功能 1）的具体操作为：旋转机组排气管上恒压导阀的调节杆，每顺时针旋转一圈，则阀前压力上升约 0.14MPa，反之则下降。调节阀前压力到 1.1～1.2MPa。

功能 2）的具体操作为：旋转机组排气管上压差导阀的调节杆，每顺时针旋转一圈，则压差上升约 0.14MPa，反之则下降。调节压差（排气压力－冷凝压力）到 0.15MPa，若热气管较长或走向复杂，则应适当增加压差。

9. 冷库降温注意事项

试车降温时必须缓慢地逐渐降温，使建筑物内部的水分能在降温过程中逐渐向外挥发。库温在 2℃以上时每天降温 3～5℃，当库温降至 2℃时，应保持 3～5 天，使建筑物结构内的游离水分尽量被抽析出来，达到尽可能的干燥程度。库温在 2℃以下时，允许每天降温 4～5℃。

冷库制冷系统常见运行工况分析与处理方法见表 5.5-5。

冷库制冷系统常见运行状况分析与处理方法　　　　　表 5.5-5

现象	原因	对策
压缩机不能启动	电源未接通	检查电源及控制电路
	保险丝烧断	更换保险丝
	相序错误	调整相序
	安全装置保护	查找原因,对保护复位
排气压力高	制冷剂充注过多	去除过多的部分
	系统中有不凝性气体	通过放空阀排放
	冷凝器盘管脏污	清洗
	冷凝器进水温度高/流量不足	检查冷却塔风扇转向与角度及水泵转向
	伺服主阀工作不正常	检查恒压导阀、压差导阀
排气压力低	吸气过热度太小	调节过热度
	冷凝温度太低	调节冷凝器进水阀门、风机工作台数
	系统制冷剂不足	补充制冷剂
	恒压导阀未调节	顺时针调节恒压导阀
吸气压力高	负载过高	减少负载
	膨胀阀进液太多	检查感温包,调节过热度
	融霜时气动阀不能及时关闭	检查气动电磁阀的工作状态
吸气压力低	制冷剂不足	检查有无泄漏,修补并添注
	冷风机结霜严重	调节自动融霜节奏
	供液管路堵塞	检查膨胀阀、过滤器是否堵塞
	吸气管路或压缩机吸气过滤器堵塞	清洗过滤器或更换过滤器滤芯
	过热度太大	调整过热度,检查膨胀阀及其部件
排气温度过高	喷油量不足	检查供油系统
	喷油温度过高	检查油冷却管路
	压缩比过大	降低压缩比
	吸入过热度过大	降低吸气温度与调整过热度
	冷凝效果差	检查冷却风机、检查清洗冷凝器
	系统中有不凝性气体	通过放空阀排放
排气温度过低	过热度太小	检查感温包是否良好、调整过热度
	经济器(ECO)喷液接口吸入的制冷剂过多	降低经济器喷液管中供液量,调节 ECO 膨胀阀过热度
	连续无负荷运转	检查压缩机能量调节系统及控制系统
	喷油温度过低	检查油冷却器的温度控制系统
油压、油流报警	缺少冷冻油	补充冷冻油
	油过滤器堵塞	清洗或更换
	油流开关、电磁阀失灵	检查油流开关、油流电磁阀
	油泵故障或能力下降	检查、修理
	油压调整不良,压力设定不当	调整,检查排气压力控制阀

现象	原因	对策
冷库降温达不到要求	吸气压力设定不当	重新设定
	系统中制冷剂不足	检查有无泄漏,修补并添注
	冷凝器脏污	清洗冷凝器
	系统中有空气或不凝性气体	通过放空阀排放
	压缩机没有效率	机组磨损,或没有完全上载
	膨胀阀或过滤器被堵塞	清洗或更换
	膨胀阀过热度太大/开启过小	调节膨胀阀
	冷风机盘管结霜或脏污	除霜或清洗盘管
	制冷管路堵塞	清洗管路
融霜效果差	融霜压差小	顺时针调节压差导阀,提高融霜压差
	融霜温度监测点放置不当	确认融霜温度检测点,与本指导书相符
	融霜管路不通畅	检查 OFV 溢流阀阀芯及其他管道阀门
	融霜间隔时间长	缩短融霜时间间隔
	融霜排水不通畅,水盘翅片结冰	检查库内排水管电加热
	气动阀旁通阀未能关闭	检查阀组中气动导阀与旁通阀的工作状态

参 考 文 献

[1] Tassou S A，Ge Y，Hadawey A，Marriott D. Energy consumption and conservation in food retailing [J]. Applied Thermal Engineering，2011，31（2-3）：147-156.

[2] 滑雪，王文华，刘圣春，杨鑫，李翀. 超市绿色制冷剂应用现状与实践 [J]. 制冷与空调，2019，19（09）：59-64，70.

[3] 张朝晖，陈敬良，高钰，刘慧成，白俊文.《蒙特利尔议定书》基加利修正案对制冷空调行业的影响分析 [J]. 制冷与空调，2017，17（01）：1-7＋15.

[4] 史琳，安青松. 基加利修正案生效后替代制冷剂的选择与对策思考 [J]. 制冷与空调，2019，19（09）：50-58.

[5] 张朝晖，王若楠，刘慧成，高钰，刘璐璐，陈敬良. 绿色高效制冷空调产业发展分析与展望 [J]. 制冷与空调，2020，20（01）：1-6.

[6] Lorentzen G，Pettersen J. A new，efficient and environmentally benign system for car air-conditioning [J]. International Journal of Refrigeration，1993，16（1）：4-12.

[7] Mclinden M O，Seeton C J，Pearson A. New refrigerants and system configurations for vapor-compression refrigeration [J]. Science，2020，370（6518）：791-796.

[8] 宋昱龙，王海丹，殷翔，曹锋. 跨临界 CO_2 蒸气压缩式制冷与热泵技术综述 [J/OL]. 制冷学报，2021 [2021-02-2] https://kns.cnki.net/kcms/detail/11. 2182. TB. 20210207. 1339. 002. html.

[9] 曹锋，叶祖樑. 商超跨临界 CO_2 增压制冷系统及技术应用现状 [J]. 制冷与空调，2017，17（09）：68-75.

[10] Zolcer Skačanová K，Battesti M. Global market and policy trends for CO_2 in refrigeration [J]. International Journal of Refrigeration，2019，107：98-104.

[11] 杨鑫. 商超 CO_2 增压制冷系统的性能研究 [D]. 天津：天津商业大学，2020.

[12] 邢振禧 主编. 冷库运行管理与维修 [M]. 北京：机械工业出版社，2012.

[13] 刘孝刚. 冷库构造、原理与检修 [M]. 北京：北京理工大学出版社，2015.

[14] 邓锦军，蒋文胜. 冷库安装、维修与运行管理 [M]. 北京：机械工业出版社，2017.

[15] 李晓东. 制冷原理与设备 [M]. 北京：机械工业出版社，2006.

[16] Gullo P，Hafner A，Banasiak K. Transcritical R744 refrigeration systems for supermarket applications：Current status and future perspectives [J]. International Journal of Refrigeration，2018，93：269-310.

[17] Karampour M，Sawalha S. State-of-the-art integrated CO_2 refrigeration system for supermarkets：A comparative analysis [J]. International Journal of Refrigeration，2018，86：239-257.

[18] Minetto S，Brignoli R，Zilio C，Marinetti S. Experimental analysis of a new method for overfeeding multiple evaporators in refrigeration systems [J]. International

Journal of Refrigeration，2014，38：1-9.

[19] Gullo P，Elmegaard B，Cortella G. Advanced exergy analysis of a R744 booster refrigeration system with parallel compression [J] . Energy，2016，107：562-571.

[20] Gullo P，Elmegaard B，Cortella G. Energy and environmental performance assessment of R744 booster supermarket refrigeration systems operating in warm climates [J] . International Journal of Refrigeration，2016，64：61-79.

[21] Hafner A，Forsterling S，Banasiak K. Multi-ejector concept for R-744 supermarket refrigeration [J] . International Journal of Refrigeration，2014，43：1-13.

[22] Catalán-Gil J，Sánchez D，Cabello R，Llopis R，Nebot-Andrés L，Calleja-Anta D. Experimental evaluation of the desuperheater influence in a CO_2 booster refrigeration facility [J] . Applied Thermal Engineering，2020，168：114785.

[23] Cui Q，Gao E，Zhang Z，Zhang X. Preliminary study on the feasibility assessment of CO_2 booster refrigeration systems for supermarket application in China：An energetic，economic，and environmental analysis [J] . Energy Conversion and Management，2020，225：113422.

[24] Maouris G，Escriva E J S，Acha S，Shah N，Markides C N. CO_2 refrigeration system heat recovery and thermal storage modelling for space heating provision in supermarkets：An integrated approach [J] . Applied Energy，2020，264：114722.

[25] D'agaro P，Coppola M A，Cortella G. Field tests，model validation and performance of a CO_2 commercial refrigeration plant integrated with HVAC system [J] . International Journal of Refrigeration，2019，100：380-391.

[26] Azzolin M，Cattelan G，Dugaria S，Minetto S，Calabrese L，Del Col D. Integrated CO_2 systems for supermarkets：Field measurements and assessment for alternative solutions in hot climate [J] . Applied Thermal Engineering，2021，187：116560.

[27] Arnaudo M，Giunta F，Dalgren J，Topel M，Sawalha S，Laumert B. Heat recovery and power-to-heat in district heating networks-A techno-economic and environmental scenario analysis [J] . Applied Thermal Engineering，2021，185：116388.

[28] Gullo P，Hafner A，Banasiak K，Minetto S，Kriezi E E. Multi-Ejector Concept：A Comprehensive Review on its Latest Technological Developments [J] . Energies，2019，12 (3)：406.

[29] Gullo P. Innovative fully integrated transcritical R744 refrigeration systems for a HFC-free future of supermarkets in warm and hot climates [J] . International Journal of Refrigeration，2019，108：283-310.

致　谢

　　本书由中国制冷学会牵头组织，编委会由荆华乾等组成。在本书规划和组织编写过程中，得到了相关单位和企业的大力支持，在此表示感谢。他们分别为：

　　江苏省制冷学会：成立于 1984 年 6 月 20 日，共有低温工程、制冷机械设备、冷冻冷藏（冷藏运输）、空调热泵、小型制冷机低温生物医学五个专业委员会，制冷空调工程技术、青年、科普咨询、团体标准四个工作委员会。

　　江苏省制冷学会承担省级重点项目软课题以及工程项目、设备技术论证、"技术成果"评价鉴定工作；与企业合作进行技术难题攻关，解决疑难问题；参与编制地方规范、团体标准、图纸会审等；举办各种学术会议、科普宣传活动；技术工人、工程技术人员培训，职称申报，技术能力认定评审；进行技术争议、经济纠纷评估，事故鉴定、司法仲裁等业务活动。

　　四方科技集团股份有限公司（以下简称四方科技）：成立于 1990 年，拥有南通四方罐式储运设备制造有限公司等 6 家全资子公司，经过三十多年的发展，四方科技已成长为集冷链食品精深加工、罐式储运、工业换热、节能板材等产品研发、生产、销售、安装、维修及技术服务为一体的综合性集团公司，专业研发、生产力量位于行业前列。

　　四方科技主导产品包括冷链食品精深加工设备、罐式储运设备、工业换热器、RIP 冷库板、岩棉复合板等，适用于速冻食品加工、冷链物流、生物制药、精细化工等领域，可提供食品速冻加工、冷链物流、围护结构等整体解决方案。

　　四方科技为国家高新技术企业，建有省企业技术中心、省速冻设备工程技术研究中心、省工业设计中心、省博士后创新实践基地，制订国家标准 4 项，参与制订行业标准 6 项，四方集团及子公司共拥有有效专利 209 件，其中发明专利 57 件，核心发明专利获得第二十一届、第二十二届中国专利奖优秀奖，核心产品列入"新中国成立 70 周年暖通空调与制冷行业创新成果"，新产品多次获江苏省科学技术奖、中国制冷学会科技进步奖。

　　四方科技入选国家专精特新"小巨人"企业，获得南通市市长质量奖，被认定为江苏省隐形冠军企业、江苏省服务型制造示范企业，多次被评为中国速冻产业杰出供应商，其速冻设备被认定为"2018 年度中国国际肉类产业最受关注制冷机械装备"、"2020 年中国国际肉类产业最受关注产品"。

　　南京天诺冷库门有限公司：是由南京司诺制冷设备厂改制而成的股份制公司，是南京市浦口区重点民营企业。该公司以科技为先导，在产品结构调整上，坚持自主开发与国外先进技术合作相结合，研发生产了适应国内市场需求的"中加司诺'牌冷库系列产品：遥控电动冷库门（齿条传动或链条传动）、手动冷库门、气调库门、轻型保温门、自由门、滑升门、升降平台、风幕机等配套产品。

　　该公司秉承"精确产品、创新出效益"的经营理念，经过多年的创业发展，目前已成为拥有中高级技术人员 40 多名、占地 4 万 m² 的冷库门专业生产单位。

　　苏州百年冷气设备有限公司：该公司前身为始建于 20 世纪 80 年代的苏州吴文制冷设备厂，是一家研发制造制冷设备的专业化企业，同时长期承接中央空调工程、洁净工程和冷库机电工程。

该公司致力于研发制造压缩空气预冷机、压缩空气冷冻干燥机、压缩空气变压吸附干燥机、天然气液化冰机、大温差冷水机组、全系列压缩冷凝机组等多规格产品，广泛用于空分、制药、冶金、电子、化工、机械制造、食品加工等领域。依托百年云管家管理平台，该公司的产品可以实现产品、项目全生命周期 24 小时的监控，为精益生产、节约能源提供决策数据。

借助深厚的信息化、自动化、装备研发、智造能力和工业互联等方面的技术储备及实际应用，该公司于 2020 年成立子公司苏州博年流体设备科技有限公司，在苏州市相城区投资兴建智能制造工厂。新工厂配备先进的工业冷冻产品多功能性能测试装置，可对水冷冷水机组和压缩空气预冷设备等进行多工况性能测试。

江苏利邦机电设备有限公司：始建于 2011 年，是一家集制冷系统设计研发、提供技术支持以及设备生产、销售、服务于一体的现代化企业，在制冷行业深耕细作数十载，已具备一定的研发储备资源和丰富的实战经验，每年可提供数百套大型冷库工程设计、制冷设备调试与维修以及制冷系统的终身技术支持。

目前该公司为各大品牌商提供 OEM 代加工产品及服务，长期与国内外工程商、贸易商、国内知名研究院校保持紧密的战略合作伙伴关系。

同时，该公司具有强大的技术研发团队，研发了针对不同行业用途的制冷机组、油气回收、化工企业的防爆型机组、冷冻产品运输及抗震防腐型机组、GSP 医药冷库设备、$-60 \sim 120^\circ\mathrm{C}$ 超低温机组、依据不同需求的自动化控制系统等定制产品。

江苏晶雪节能科技股份有限公司：该公司自 1993 年成立以来，一直致力于"冷库和工业建筑围护系统"节能隔热保温材料研发、设计、生产及销售，拥有卓越的"一体化、全方位"服务能力，现已成为国内知名的"整体解决方案"提供商，为实现"碳达峰、碳中和"目标，聚力赋能。

该公司主导产品包括金属面节能隔热保温夹芯板和冷库门、工业建筑门、升降平台等配套产品，主要为冷链物流、食品加工、商场超市、航空配餐、医药制造、精密电子、汽车船舶等行业提供相关围护系统解决方案。这些产品能适应高温、严寒等恶劣气候，已成功应用于"中国飞机强度研究所 302 号气候环境测试实验室"和"巴西费拉兹南极科考站"等重大建设项目。2020 年初，为了应对严峻的新冠肺炎疫情，该公司积极参与了武汉雷神山医院新建项目及北京小汤山医院扩建项目。

经过 20 多年的发展，该公司目前拥有多条节能隔热保温夹芯板生产线，形成了 225 万 m^2 节能板材、10600 樘冷库门和工业门的年生产能力。

该公司先后参与了冷库设计、冷库围护材料、性能试验以及管理等多个专业领域十多项国家标准和行业标准的起草工作；拥有各类专利 58 项；"晶雪"商标被认定为"中国驰名商标"；被认定为江苏省服务型制造示范企业、江苏省小巨人企业、江苏省质量标杆；建有江苏省冷链物流装备与材料工程研究中心、江苏省工业设计中心等；获得常州市市长质量奖等荣誉；2018 年和 2019 年，连续两年荣获"中国轻工业塑料行业（聚氨酯）十强企业"称号。

澳宏（太仓）环保材料有限公司（以下简称"澳宏化学"）：2000 年 2 月创建于上海，目前已发展成为国内制冷剂储存、混配、分装、销售领域的领跑者，现已形成上海、太仓、天津、广州、日本五处生产、存储和销售基地，是国内外主流空调、汽车、制冷设备厂家的制冷剂供应商，同时也为众多著名制冷剂品牌提供 OEM 服务。

"澳宏化学"拥有强大的制冷剂储存能力，太仓、天津、广州三个基地均建设有甲类可燃制冷剂的储存设施，甲类储罐容量超过 $1000m^3$，甲类仓库 $2000m^2$，可以储存分装 R290、R600a、R32、R1234yf 等可燃类制冷剂；拥有罐式集装箱（ISO－TANK）90 只，重复性钢瓶 6000 余只，用于制冷剂的运输和配送。

当前主流制冷剂的应用以混配型为主。"澳宏化学"建设有混配罐 14 只，拥有先进的制冷剂混配工艺，年产 R410A、R404A、R407C、R507A 等各类混配型制冷剂 3 万余吨。

"澳宏化学"是国内首家，也是目前唯一一家拥有制冷剂再生资质的企业，年循环利用制冷剂超 1000t，是中国制冷剂循环利用事业的开创者，同时也是碳达峰、碳中和事业的践行者，年减排二氧化碳 300 万吨当量。